BestMasters

Stine Franziska Beitz

Spektren verallgemeinerter Hodge-Laplace-Operatoren

Am Beispiel von flachen Tori und runden Sphären

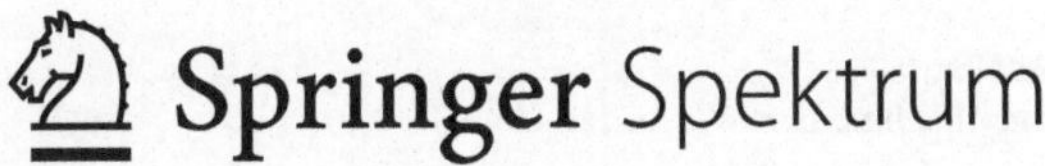

Stine Franziska Beitz
Münster, Deutschland

BestMasters
ISBN 978-3-658-13109-8   ISBN 978-3-658-13110-4 (eBook)
DOI 10.1007/978-3-658-13110-4

Die Deutsche Nationalbibliothek verzeichnet diese Publikation in der Deutschen National-
bibliografie; detaillierte bibliografische Daten sind im Internet über http://dnb.d-nb.de abrufbar.

Gedruckt auf säurefreiem und chlorfrei gebleichtem Papier

Springer Spektrum ist Teil von Springer Nature
Die eingetragene Gesellschaft ist Springer Fachmedien Wiesbaden GmbH

Danksagung

An dieser Stelle möchte ich mich bei all denjenigen bedanken, die mich während der Anfertigung dieser Masterarbeit unterstützt haben. Ganz besonders gilt mein Dank Prof. Dr. Christian Bär für die gute Betreuung, viele anregende Gespräche und dafür, dass ich dieses interessante Thema überhaupt bearbeiten durfte. Ich danke auch Dr. Andreas Hermann, mit dem ich immer über den aktuellen Stand der Arbeit und meine neuesten Erkenntnisse diskutieren konnte und der mir viele nützliche Hinweise gegeben hat. Meinen Kommilitonen Matthias Ludewig, Max Lewandowski und Oliver Lindblad Petersen, welche mich die ganze Zeit über unterstützt haben, bin ich für zahlreiche hilfreiche Diskussionen und fachliche Anregungen dankbar. Ich möchte auch Ariane Beyer, Victoria Rothe und Claudia Grabs danken, die mir immer einen Platz in ihrem Büro zur Verfügung gestellt und somit für eine angenehme Arbeitsatmosphäre gesorgt haben. Überhaupt bedanke ich mich bei der gesamten Potsdamer Arbeitsgruppe für die amüsanten und über die Mathematik hinaus sehr lehrreichen Mittags- und Kaffeerunden, die dafür sorgten, den Kopf zwischen den Arbeitsphasen wieder freizubekommen, um mir diesen mit neuem Elan wieder zerbrechen zu können. Nicht zuletzt gebührt mein Dank meinen Eltern, ohne die dieses Unternehmen schon von vornherein nicht möglich gewesen wäre.

Inhaltsverzeichnis

1 Einleitung

Kann man eigentlich die Form einer Trommel hören? Kann man allein anhand ihres Klanges Rückschlüsse auf deren Form ziehen? Diese Frage warf Mark Kac schon 1966 in seinem Artikel "Can One Hear the Shape of a Drum" auf ([Kac66]). Vollständig beantworten konnte er diese allerdings nicht. Mathematisch wird in seiner Arbeit die aufgespannte Schwingungsmembran durch ein Gebiet G in der Ebene modelliert. Die Resonanzfrequenzen sind gerade die Eigenwerte des Dirichlet-Problems des Laplace-Operators Δ_0 auf Funktionen, d.h., diejenigen reellen Zahlen λ, für die es Funktionen $f : \overline{G} \to \mathbb{R}$, $f \not\equiv 0$, gibt, die auf dem Rand von G verschwinden und die Eigenwertgleichung $\Delta_0 f = \lambda f$ erfüllen.

In der Spektralgeometrie werden ähnliche Probleme in einem allgemeineren Rahmen untersucht. Man interessiert sich hier für die Beziehung zwischen den geometrischen Strukturen von riemannschen Mannigfaltigkeiten und den Spektren elliptischer Differentialoperatoren. Insbesondere fragt man sich, welche Informationen das Spektrum dieser Operatoren über die Geometrie der zugrundeliegenden Mannigfaltigkeiten liefert. Eines der ersten Resultate dieser Art entdeckte Hermann Weyl 1911 ([Wey11]). Er zeigte, dass das Volumen eines beschränkten Gebietes im euklidischen Raum durch das asymptotische Verhalten der Eigenwerte des Dirichlet-Problems des Laplace-Beltrami-Operators bestimmt ist. Um eine Mannigfaltigkeit bis auf Isometrie vollständig zu rekonstruieren, reicht die reine Kenntnis der Eigenwerte allerdings nicht aus. Die Antwort auf die Frage "Can One Hear the Shape of a Drum" lautet also "nein". Dies erkannte schon John Milnor, welcher die Existenz von zwei nichtisometrischen 16-dimensionalen Tori mit identischen Spektren der Laplace-Operatoren bewies ([Mil64]). Auch Gordon, Webb und Wolpert konstruierten unterschiedliche Gebiete in der Ebene, deren Eigenwerte übereinstimmen ([GWW92]).

In dieser Arbeit betrachten wir für reelle Zahlen $\alpha, \beta > 0$ die Familie von Differentialoperatoren $F_{\alpha\beta}^M := \alpha d\delta + \beta\delta d$ auf dem Hilbertraum $L^2(M, T^*M)$, d.h. den L^2-Einsformen auf einer kompakten riemannschen Mannigfaltigkeit (M, g) der Dimension n mit dem Sobolevraum $H^2(M, T^*M)$ als Definitionsbereich. Hierbei bezeichnen d die äußere Ableitung auf Differentialformen und δ den zu d adjungierten Operator. Für $\alpha = \beta = 1$ ergibt sich gerade der wohlbekannte Hodge-Laplace-Operator. Unser Ziel ist es, für gewisse Mannigfaltigkeiten das Spektrum $\mathrm{Spek}(F_{\alpha\beta}^M)$ der Operatoren $F_{\alpha\beta}^M$ explizit zu bestimmen und zu untersuchen, unter welchen Umständen diese Operatoren isospektral sind, also dasselbe Spektrum besitzen.

Der Operator $F_{\alpha\beta}^M$ ist auf seinem Definitionsbereich selbstadjungiert. Daher liefert der Spektralsatz für unbeschränkte selbstadjungierte Operatoren aus der Funktionalanalysis ([Wer04, Theorem VII.3.2]) ein eindeutig bestimmtes Spektralmaß E und mit Hilfe dessen eine Spektralzerlegung unseres Operators:

$$F_{\alpha\beta}^M \omega = \int_{\mathrm{Spek}(F_{\alpha\beta}^M)} \lambda dE_\lambda \omega$$

für $\omega \in H^2(M, T^*M)$. Das Spektralmaß E ist dabei ein Operator-wertiges Maß, welches alle Informationen über das Spektrum kodiert und dieses insbesondere als Träger hat. Da die riemannsche Mannigfaltigkeit M kompakt ist, ist das Spektrum von $F_{\alpha\beta}^M$ diskret und besteht nur aus Eigenwerten endlicher Multiplizitäten. Diese sind aufgrund der Selbstadjungiertheit des Operators reell. In unserem Fall ist das Spektralmaß somit gerade die Summe von Projektoren P_λ auf die Eigenräume $\mathrm{Eig}(F_{\alpha\beta}^M, \lambda)$:

$$E = \sum_{\lambda \in \mathrm{Spek}(F_{\alpha\beta}^M)} P_\lambda$$

und wir erhalten die Spektralzerlegung

$$F_{\alpha\beta}^M \omega = \sum_{\lambda \in \mathrm{Spek}(F_{\alpha\beta}^M)} \lambda P_\lambda \omega$$

für $\omega \in H^2(M, T^*M)$. Um das Spektrum des Operators $F_{\alpha\beta}^M$ zu bestimmen, reicht es also das algebraische Eigenwertproblem zu untersuchen, d.h., Lösungen $\lambda \in \mathbb{R}$ und $\omega \in H^2(M, T^*M)$ der Eigenwertgleichung $F_{\alpha\beta}^M \omega = \lambda \omega$ zu finden, das bedeutet, alle Eigenwerte und Eigenformen von $F_{\alpha\beta}^M$.

Zu $\xi \in T^*M$ aus dem Kotangentialbündel von M ist

$$-\left(\beta|\xi|^2 \mathrm{id} + (\alpha - \beta)\xi \wedge (\xi^\sharp \lrcorner \, \cdot)\right)$$

das Hauptsymbol von $F_{\alpha\beta}^M$. Hierbei ist $\xi^\sharp \lrcorner\, \omega := \omega(\xi^\sharp)$ für $\omega \in H^2(M, T^*M)$ und $\sharp$ bezeichnet den musikalischen Isomorphismus, der jedem $\xi \in T^*M$ einen eindeutig bestimmten Vektor $\xi \in TM$ so zuordnet, dass $g(\xi^\sharp, \cdot) = \xi$. Auf Einsformen entspricht das Hauptsymbol bezüglich einer Orthonormalbasis gerade der Matrix

$$A := -\left(\beta|\xi|^2 \mathbb{1}_n + (\alpha - \beta)\xi\xi^t\right)$$

mit $\xi \in \mathbb{R}^n$ und der n-dimensionalen Einheitsmatrix $\mathbb{1}_n$. Ergänzt man für $\xi \neq 0$ den Vektor $\frac{\xi}{|\xi|}$ zu einer Orthonormalbasis von $\mathbb{R}^n$ durch $b_2, \ldots, b_n$

und wählt ein $Q \in O(n)$ so, dass $Q\frac{\xi}{|\xi|} = e_1$ und $Qb_i = e_i$ für $i \in \{2, \ldots, n\}$, wobei $\{e_1, \ldots, e_n\}$ die Standardbasis des $\mathbb{R}^n$ sei, so sieht man, dass

$$\det(A) = \det(QAQ^t) = (-1)^n \alpha \beta^{n-1} |\xi|^{2n} \neq 0.$$

Das Hauptsymbol ist also invertierbar für alle $\xi \neq 0$ und $F^M_{\alpha\beta}$ somit elliptisch. Mit der elliptischen Regularitätstheorie auf Mannigfaltigkeiten (siehe z.B. [Gil95, Lemma 1.6.3]) folgt nun, dass all seine Eigenformen glatt sind. Es genügt daher, $F^M_{\alpha\beta}$ als Operator auf den glatten Einsformen $\Omega^1(M)$ aufzufassen.

Wir werden in dieser Arbeit das Spektrum, also die Eigenwerte mit zugehörigen Eigenräumen, der Operatoren $F^M_{\alpha\beta}$ für zwei Beispielmannigfaltigkeiten M berechnen - den Sphären S^n_r verschiedener Radien $r > 0$ und den durch Gitter $\Lambda \subset \mathbb{R}^n$ induzierten flachen Tori $\mathbb{R}^n/\Lambda$. Wir werden dabei feststellen, dass sich dieses in Eigenwerte zum Parameter α und Eigenwerte zum Parameter β aufspaltet, d.h., zu Eigenwerten der Operatoren $\alpha d\delta$ und $\beta\delta d$. In der Dimension $n = 2$ ist das Spektrum sogar symmetrisch in α und β. Es wird sich herausstellen, dass das Spektrum von $F^T_{\alpha\beta}$ auf flachen Tori T gerade die Vereinigung des einmal mit α und einmal mit β multiplizierten Spektrums des gewöhnlichen Laplace-Operators Δ_0 auf glatten Funktionen ist. Mit dieser Erkenntnis lassen sich Aussagen über die Isospektralität von zwei Operatoren $F^{T_1}_{\alpha\beta}$ und $F^{T_2}_{\alpha'\beta'}$ für $\alpha, \alpha', \beta, \beta' > 0$ auf flachen Tori T_1 und T_2 treffen.
Wir werden die Koeffizienten α und β zunächst festhalten und zeigen, dass für zwei kompakte isometrische riemannsche Mannigfaltigkeiten M und N die Operatoren $F^M_{\alpha\beta}$ und $F^N_{\alpha\beta}$ dasselbe Spektrum besitzen. Es stellt sich dann die Frage, ob auch die Umkehrung dieser Aussage im Fall von flachen Tori gilt, d.h., ob das Spektrum von $F^T_{\alpha\beta}$ den flachen Torus T schon bis auf Isometrie bestimmt. In der Dimension $n = 1$, also für eindimensionale Sphären, sieht man sofort, dass die Antwort "ja" lautet. Wir beweisen als nächstes, dass für zwei flache Tori T_1 und T_2 die Operatoren $F^{T_1}_{\alpha\beta}$ und $F^{T_2}_{\alpha\beta}$ genau dann isospektral sind, wenn die Laplace-Operatoren $\Delta_0^{T_1}$ und $\Delta_0^{T_2}$ dasselbe Spektrum haben. Damit können wir die obige Frage auch für höhere Dimensionen beantworten, da die Antwort im Fall des Laplace-Operators auf Funktionen bereits bekannt ist: In der Dimension $n = 2$ lautet sie ebenfalls "ja" und ab der Dimension $n = 4$ gibt es flache Tori, die nicht isometrisch, deren Spektren bzgl. $F_{\alpha\beta}$ jedoch identisch sind. Für die Dimension $n = 3$ scheint die Frage noch offen zu sein.
Im darauf folgenden Abschnitt lassen wir beliebige Parameter $\alpha, \alpha', \beta, \beta' > 0$ zu und stellen für $n \neq 2$ fest, dass $F^T_{\alpha\beta}$ und $F^T_{\alpha'\beta'}$ für flache Tori T nur

im trivialen Fall, dass die Operatoren schon gleich sind, isospektral sein können. Es folgt, dass auch für isometrische flache Tori T_1 und T_2 die Operatoren $F_{\alpha\beta}^{T_1}$ und $F_{\alpha'\beta'}^{T_2}$ nur dann isospektral sind, wenn $(\alpha, \beta) = (\alpha', \beta')$. Als letztes betrachten wir zwei flache Tori, deren Gitter durch die Streckung um einen Faktor $c > 0$ auseinander hervorgehen. Wir zeigen für diese, dass $F_{\alpha\beta}^{\mathbb{R}^n/\Lambda}$ und $F_{\alpha'\beta'}^{\mathbb{R}^n/c\Lambda}$ genau dann dasselbe Spektrum haben, wenn $(\alpha', \beta') = (c^2\alpha, c^2\beta)$ gilt. In der Dimension $n = 2$ gelten angepasste Aussagen, welche berücksichtigen, dass die Spektren der Operatoren $F_{\alpha\beta}$, wie oben bereits erwähnt, in α und β symmetrisch sind.

Offen bleibt die Frage, was über die Spektren von $F_{\alpha\beta}^{\mathbb{R}^n/\Lambda}$ und $F_{\alpha'\beta'}^{\mathbb{R}^n/\Lambda'}$ für beliebige Gitter Λ und Λ' ausgesagt werden kann. Man könnte für $n = 2$ vermuten, dass diese genau dann übereinstimmen, wenn es ein $c > 0$ und ein $Q \in O(2)$ gibt, sodass $\Lambda' = cQ\Lambda$ und $\{\alpha', \beta'\} = \{c^2\alpha, c^2\beta\}$.

Im Gegensatz zu den flachen Tori, wo der Eigenwert 0 immer die Multiplizität n besitzt, sind die Eigenwerte auf Sphären alle positiv. Auch hier betrachten wir zwei Elemente der Familie der in dieser Arbeit untersuchten Operatoren, $F_{\alpha\beta}^{S_r^n}$ und $F_{\alpha'\beta'}^{S_{r'}^n}$. Falls diese dasselbe Spektrum haben, so sind die Radien r und r' genau dann gleich, wenn dies (bei $n = 2$ bis auf Vertauschung der Rollen von α und β) für α und α' bzw. β und β' gilt. Für $c > 0$ so, dass $r' = cr$ können wir zeigen, dass die Isospektralität der beiden oben genannten Operatoren äquivalent dazu ist, dass α' und β' durch Skalierung von α und β mit dem Faktor c^2 (bei $n = 2$ wieder bis auf Vertauschung der Rollen von α' und β') auseinander hervorgehen.

2 Definitionen und Vorüberlegungen

Seien M eine n-dimensionale riemannsche Mannigfaltigkeit und $\alpha, \beta > 0$.

Definition 2.1. Sei $0 \leqslant k \leqslant n$. Wir bezeichnen mit $\Omega^k(M) := \Gamma(\Lambda^k T^* M)$ den Raum aller glatten Differentialformen vom Grad k auf M, d.h., aller glatten Schnitte ω der k-ten äußeren Potenz des Kotangentialbündels von M. Das bedeutet, dass jedem $p \in M$ eine reelle alternierende Multilinearform ω_p auf dem Tangentialraum $T_p M$ zugeordnet wird, und zwar so, dass für alle Vektorfelder $X_1, \ldots, X_k \in \Gamma(TM)$ die Abbildung

$$M \to \mathbb{R} : p \mapsto \omega_p\big((X_1)_p, \ldots, (X_k)_p\big)$$

glatt ist.

Der Raum $\Omega^k(M, \mathbb{C})$ sei wie oben mit "komplex" anstelle von "reell" und $\mathbb{C}$ anstelle von $\mathbb{R}$ definiert, d.h., $\Omega^k(M, \mathbb{C}) = \Omega^k(M) \otimes \mathbb{C}$.

Glatte Differentialformen können entlang differenzierbarer Abbildungen zurückgezogen werden. Die Räume $\Omega^k(M)$ sind zudem ausgestattet mit der äußeren Ableitung $d : \Omega^k(M) \to \Omega^{k+1}(M)$, welches mit dem Rücktransport verträglich ist:

Definition 2.2. Sei $f : M \to N$ eine differenzierbare Abbildung zwischen zwei riemannschen Mannigfaltigkeiten M und N. Dann ist $f^* : \mathcal{C}^\infty(N) \to \mathcal{C}^\infty(M) : \varphi \mapsto \varphi \circ f$ der induzierte Rücktransport auf Funktionen und $f^* : \Omega^k(N) \to \Omega^k(M)$ für $0 < k \leqslant n$ der durch

$$(f^* \omega)_p(X_1, \ldots, X_k) := \omega_{f(p)}(df_p(X_1), \ldots, df_p(X_k))$$

für alle $p \in M$, $X_1, \ldots, X_k \in T_p M$ und $\omega \in \Omega^k(N)$ gegebene Rücktransport auf k-Formen.

Bemerkung 2.3. Die äußere Ableitung d ist natürlich, d.h., für alle differenzierbaren Abbildungen $f : M \to N$ zwischen zwei riemannschen Mannigfaltigkeiten M und N gilt, dass $f^* d\omega = d(f^* \omega)$ für alle $\omega \in \Omega^k(N)$. ([Jän03, S. 145])

Definition 2.4. Sei $0 \leqslant k \leqslant n$. Das L^2-Skalarprodukt $(\cdot, \cdot)$ von zwei glatten kompakt getragenen k-Formen ω und σ auf M ist wie folgt definiert:

$$(\omega, \sigma) := \int_M \langle \omega, \sigma \rangle.$$

Hierbei bezeichnet $\langle \cdot, \cdot \rangle$ das gewöhnliche punktweise definierte Skalarprodukt auf Differentialformen und es wird bzgl. der riemannschen Volumendichte integriert.

Die Vervollständigung der glatten kompakt getragenen k-Formen $\Omega_c^k(M)$ bzgl. $(\cdot,\cdot)$ bezeichnen wir mit $\Omega_{L^2}^k(M) := L^2(M, \Lambda^k T^*M)$.
Weiterhin sei $\Omega_{L^2}^k(M,\mathbb{C}) := \Omega_{L^2}^k(M) \otimes \mathbb{C}$.

Wir haben nun alle Mittel beisammen um den zentralen Operator dieser Arbeit einzuführen.

Definition 2.5. Wir definieren den Operator

$$F_{\alpha\beta}^M := \alpha d\delta + \beta\delta d$$

auf dem Raum $\Omega^1(M)$. Hierbei ist δ der zu d formal adjungierte Operator, d.h., für alle $k \in \mathbb{N}$ und alle $\omega \in \Omega_c^k(M)$ und $\eta \in \Omega_c^{k+1}(M)$ ist

$$(d\omega, \eta) = (\omega, \delta\eta).$$

Notation 2.6. Wir bezeichnen den Hodge-Laplace-Operator auf $\Omega^1(M)$ wie folgt:

$$\Delta^M := F_{11}^M = d\delta + \delta d.$$

Für den gewöhnlichen Laplaceoperator auf den glatten Funktionen $\mathcal{C}^\infty(M)$ schreiben wir $\Delta_0^M := \delta d$.

Bemerkung 2.7.

1. $F_{\alpha\beta}^M$ ist formal selbstadjungiert, denn für alle $\omega, \sigma \in \Omega_c^1(M)$ gilt:

$$\begin{aligned}
(F_{\alpha\beta}^M\omega, \sigma) &= \big((\alpha d\delta + \beta\delta d)\omega, \sigma\big) \\
&= \alpha(d\delta\omega, \sigma) + \beta(\delta d\omega, \sigma) \\
&= \alpha(\omega, d\delta\sigma) + \beta(\omega, \delta d\sigma) \\
&= (\omega, F_{\alpha\beta}^M\sigma).
\end{aligned}$$

2. Eigenformen zu verschiedenen Eigenwerten von $F_{\alpha\beta}^M$ sind orthogonal bzgl. des L^2-Skalarproduktes. Denn seien $\lambda, \mu \in \mathrm{Spek}(F_{\alpha\beta}^M)$ mit $\lambda \neq \mu$, $\omega \in \mathrm{Eig}(F_{\alpha\beta}^M, \lambda)$ und $\sigma \in \mathrm{Eig}(F_{\alpha\beta}^M, \mu)$. Dann gilt:

$$\lambda(\omega, \sigma) = (F_{\alpha\beta}^M\omega, \sigma) = (\omega, F_{\alpha\beta}^M\sigma) = \mu(\omega, \sigma),$$

   weshalb

$$(\lambda - \mu)(\omega, \sigma) = 0.$$

   Wegen $\lambda \neq \mu$ erhalten wir, dass $(\omega, \sigma) = 0$. Daher sind ω und σ orthogonal.

Definition 2.8. Sei $0 \leqslant k \leqslant n$. Der eindeutig bestimmte metrische torsionsfreie Zusammenhang

$$\nabla : \Gamma(TM) \times \Gamma(TM) \to \Gamma(TM)$$

auf M, der Levi-Civita-Zusammenhang, induziert auf folgende Weise einen Zusammenhang

$$\nabla : \Gamma(TM) \times \Omega^k(M) \to \Omega^k(M)$$

auf den glatten k-Formen auf M: Für $X, Y_1, \ldots, Y_k \in \Gamma(TM)$ und $\omega \in \Omega^k(M)$ setzen wir

$$(\nabla_X \omega)(Y_1, \ldots, Y_k) := \partial_X \big(\omega(Y_1, \ldots, Y_k) \big)$$
$$- \sum_{i=1}^{k} \omega(Y_1, \ldots, Y_{i-1}, \nabla_X Y_i, Y_{i+1}, \ldots, Y_k).$$

Bemerkung 2.9.

1. Man kann nachprüfen, dass mit (2.8) tatsächlich ein Zusammenhang definiert wird. Das bedeutet, dass ∇ $\mathcal{C}^\infty(M)$-linear im ersten, $\mathbb{R}$-linear im zweiten Eingang ist und die Produktregel

$$\nabla_X (f\omega) = \partial_X f \cdot \omega + f \cdot \nabla_X \omega$$

   für alle $X \in \Gamma(TM)$, $\omega \in \Omega^k(M)$ und $f \in \mathcal{C}^\infty(M)$ erfüllt.

2. Für zerlegbare k-Formen $\omega_1 \wedge \cdots \wedge \omega_k \in \Omega^k(M)$ gilt darüber hinaus die Produktregel

$$\nabla_X(\omega_1 \wedge \cdots \wedge \omega_k) = \sum_{i=1}^{k} \omega_1 \wedge \cdots \wedge \omega_{i-1} \wedge \nabla_X \omega_i \wedge \omega_{i+1} \wedge \cdots \wedge \omega_k$$

   für $X \in \Gamma(TM)$.

Lemma 2.10. *Seien $p \in M$, $0 \leqslant k \leqslant n$, $\omega \in \Lambda^k T_p^* M$, $\eta \in \Lambda^{k+1} T_p^* M$ und $X \in T_p M$. Dann gilt, dass*

$$\langle \omega, X \lrcorner\, \eta \rangle = \langle X^\flat \wedge \omega, \eta \rangle,$$

wobei für alle $Y \in \Gamma(TM)$ die Abbildung $Y \lrcorner$ durch

$$Y \lrcorner : \Omega^{k+1}(M) \to \Omega^k(M) : \omega \mapsto Y \lrcorner\, \omega := \omega(Y, \cdot, \ldots, \cdot)$$

definiert und $Y^\flat := \langle Y, \cdot \rangle$ das metrisch Duale zu Y ist.

Beweis. Sei $\{e_1, \ldots, e_n\}$ eine Orthonormalbasis von T_pM und $\{e^1, \ldots, e^n\}$ die zugehörige duale Basis von T_p^*M, d.h., $e^i(e_j) = \delta_j^i$ für alle $i, j \in \{1, \ldots, n\}$. Aufgrund der Linearität in den drei Argumenten können wir annehmen, dass

$$\omega = e^{i_1} \wedge \cdots \wedge e^{i_k},$$
$$\eta = e^{j_1} \wedge \cdots \wedge e^{j_{k+1}}$$

und $X = e_l$ für $l \in \{1, \ldots, n\}$, $1 \leq i_1 < \cdots < i_k \leq n$ und $1 \leq j_1 < \cdots < j_{k+1} \leq n$. Dann ist

$$X \lrcorner \eta = e_l \lrcorner (e^{j_1} \wedge \cdots \wedge e^{j_{k+1}})$$
$$= \begin{cases} (-1)^{m-1} e^{j_1} \wedge \cdots \wedge \widehat{e^{j_m}} \wedge \cdots \wedge e^{j_{k+1}} & \exists m : l = j_m \\ 0 & \text{sonst.} \end{cases}$$

Ferner gilt

$$\left\langle e^{i_1} \wedge \cdots \wedge e^{i_k}, e^{j_1} \wedge \cdots \wedge \widehat{e^{j_m}} \wedge \cdots \wedge e^{j_{k+1}} \right\rangle \in \{0, 1\}.$$

Das letztere Skalarprodukt ist eins im Fall, dass $l = j_m$ und zusätzlich für die Indextupel

$$(i_1, \ldots, i_k) = (j_1, \ldots, \widehat{j_m}, \ldots, j_{k+1})$$

gilt, ansonsten ist das Skalarprodukt null. Diese beiden Bedingungen sind äquivalent zu der Bedingung

$$(i_1, \ldots, i_{m-1}, l, i_{m+1}, \ldots, i_k) = (j_1, \ldots, j_{k+1}).$$

Daraus folgt, dass

$$(-1)^{m-1} \left\langle e^{i_1} \wedge \cdots \wedge e^{i_k}, e^{j_1} \wedge \cdots \wedge \widehat{e^{j_m}} \wedge \cdots \wedge e^{j_{k+1}} \right\rangle$$
$$= \left\langle e^l \wedge e^{i_1} \wedge \cdots \wedge e^{i_k}, e^{j_1} \wedge \cdots \wedge e^{j_{k+1}} \right\rangle$$

gilt, also insgesamt

$$\langle \omega, X \lrcorner \eta \rangle = \langle X^\flat \wedge \omega, \eta \rangle. \qquad \square$$

Wir überlegen uns mit Hilfe von Lemma 2.10 wie das äußere Differential d und die Koableitung δ in Termen des Zusammenhangs auf Formen geschrieben werden können.

Proposition 2.11. *Sei $\{e_1, \ldots, e_n\}$ eine lokale Orthonormalbasis von TM und $\{e^1, \ldots, e^n\}$ die zugehörige duale Basis von T^*M. Dann gilt:*

$$d = \sum_{i=1}^n e^i \wedge \nabla_{e_i} \quad \text{und} \quad \delta = -\sum_{i=1}^n e_i \lrcorner \nabla_{e_i}.$$

Beweis. Sei $0 \leqslant k \leqslant n$. Wir zeigen zunächst die Formel für d. Sei $\tilde{U} \subseteq M$ offen, $\{E_1, \ldots, E_n\} \subset \Gamma(\tilde{U}, TM)$ eine lokale Orthonormalbasis von TM, $\{E^1, \ldots, E^n\}$ die zugehörige duale Basis, $\{e_1, \ldots, e_n\}$ die Standardbasis von $\mathbb{R}^n$ und $p \in \tilde{U}$. Wir definieren den Isomorphismus

$$f : \mathbb{R}^n \to T_pM : \sum_{i=1}^{n} v^i e_i \mapsto \sum_{i=1}^{n} v^i E_i\big|_p.$$

Sei weiterhin $U \subset M$ eine offene Umgebung von p, sodass $\exp_p\big|_{\exp_p^{-1}(U)}$ ein Diffeomorphismus ist. Hierbei ist $\exp_p$ die riemannsche Exponentialabbildung in p. Dann definieren

$$x := f^{-1} \circ \exp_p^{-1} : U \to f^{-1}\big(\exp_p^{-1}(U)\big) =: V \subseteq \mathbb{R}^n$$

riemannsche Normalkoordinaten in p. Für die zugehörigen Koordinatenfelder $\frac{\partial}{\partial x_1}, \ldots, \frac{\partial}{\partial x_n}$ gilt in p:

$$
\begin{aligned}
\frac{\partial}{\partial x_i}\Big|_p &\overset{\text{Def}}{=} (dx_p)^{-1}(e_i) = d(x^{-1})_{x(p)}(e_i) = d(\exp_p \circ f)_0(e_i) \\
&= \big(d(\exp_p)_{f(0)} \circ df_0\big)(e_i) = \big(\underbrace{d(\exp_p)_0 \circ df_0}_{=\operatorname{id}_{T_pM}}\big)(e_i) \\
&= \underbrace{df_0}_{=f,\ \text{da } f \text{ linear ist.}}(e_i) = f(e_i) = E_i\big|_p
\end{aligned}
$$

für alle $i \in \{1, \ldots, n\}$. Da die Christoffelsymbole in riemannschen Normalkoordinaten in p verschwinden, ist für alle $i, j \in \{1, \ldots, n\}$

$$\nabla_{\frac{\partial}{\partial x_i}} \frac{\partial}{\partial x_j}\Big|_p = \sum_{i=1}^{n} \Gamma_{ij}^k(p) \frac{\partial}{\partial x_k}\Big|_p = 0.$$

Damit ist auch $\nabla_{\frac{\partial}{\partial x_i}} dx^j\big|_p = 0$ für alle $i, j \in \{1, \ldots, n\}$, denn für alle $X =$

$\sum_{i=1}^{n} X^i \frac{\partial}{\partial x_i} \in \Gamma(\tilde{U}, TM)$ gilt dann in p, dass

$$(\nabla_{\frac{\partial}{\partial x_i}} dx^j)(X) = \frac{\partial}{\partial x_i}\left(dx^j(X)\right) - dx^j\left(\nabla_{\frac{\partial}{\partial x_i}} X\right)$$

$$= \frac{\partial}{\partial x_i} X^j - \sum_{l=1}^{n} dx^j\left(\left(\frac{\partial}{\partial x_i} X^l\right)\frac{\partial}{\partial x_l} + X^l \underbrace{\nabla_{\frac{\partial}{\partial x_i}} \frac{\partial}{\partial x_l}}_{=0}\right)$$

$$= \frac{\partial}{\partial x_i} X^j - \sum_{l=1}^{n} \left(\frac{\partial}{\partial x_i} X^l\right) \underbrace{dx^j\left(\frac{\partial}{\partial x_l}\right)}_{=\delta_l^j} \tag{1}$$

$$= \frac{\partial}{\partial x_i} X^j - \frac{\partial}{\partial x_i} X^j$$

$$= 0.$$

Sei nun $\omega = \sum_{1 \leqslant i_1 < \cdots < i_k \leqslant n} \omega_{i_1 \cdots k} dx^{i_1} \wedge \cdots \wedge dx^{i_k} \in \Omega^k(M)$. Dann gilt für alle $i \in \{1, \ldots, n\}$, dass

$$\nabla_{\frac{\partial}{\partial x_i}} \omega = \sum_{1 \leqslant i_1 < \cdots < i_k \leqslant n} \left(\left(\frac{\partial}{\partial x_i} \omega_{i_1 \cdots k}\right) dx^{i_1} \wedge \cdots \wedge dx^{i_k}\right.$$

$$\left. + \omega_{i_1 \cdots k} \nabla_{\frac{\partial}{\partial x_i}}\left(dx^{i_1} \wedge \cdots \wedge dx^{i_k}\right)\right)$$

$$\overset{(1)}{=} \sum_{1 \leqslant i_1 < \cdots < i_k \leqslant n} \left(\frac{\partial}{\partial x_i} \omega_{i_1 \cdots k}\right) dx^{i_1} \wedge \cdots \wedge dx^{i_k}$$

in p und dort somit

$$\sum_{i=1}^{n} E^i \wedge \nabla_{E_i} \omega = \sum_{i=1}^{n} dx^i \wedge \nabla_{\frac{\partial}{\partial x_i}} \omega$$

$$= \sum_{i=1}^{n} \sum_{1 \leqslant i_1 < \cdots < i_k \leqslant n} \left(\frac{\partial}{\partial x_i} \omega_{i_1 \cdots k}\right) dx^i \wedge dx^{i_1} \wedge \cdots \wedge dx^{i_k}$$

$$= d\left(\sum_{1 \leqslant i_1 < \cdots < i_k \leqslant n} \omega_{i_1 \cdots k} dx^{i_1} \wedge \cdots \wedge dx^{i_k}\right)$$

$$= d\omega.$$

Es folgt die erste Behauptung.

Der Beweis für die Formel für δ teilt sich in mehrere Schritte auf.

10

<u>Schritt 1:</u> Für alle $f \in \mathcal{C}^\infty(M)$ und $X \in \Gamma(TM)$ gilt bekanntlich die Produktregel

$$\operatorname{div}(f \cdot X) = df(X) + f \cdot \operatorname{div}(X).$$

Mit dieser und dem Gaußschen Integralsatz ist

$$\int_M \partial_X f = \int_M df(X) = \underbrace{\int_M \operatorname{div}(f \cdot X)}_{=0} - \int_M f \cdot \operatorname{div}(X)$$

$$= - \int_M f \cdot \operatorname{div}(X).$$

Für $\omega, \sigma \in \Omega_c^1(M)$ gilt daher, dass

$$-\int_M \langle \omega, \sigma \rangle \operatorname{div}(X) = \int_M \partial_X \langle \omega, \sigma \rangle$$

$$= \int_M \left(\langle \nabla_X \omega, \sigma \rangle + \langle \omega, \nabla_X \sigma \rangle \right).$$

Somit erhalten wir, dass

$$\int_M \langle \nabla_X \omega, \sigma \rangle = - \int_M \langle \omega, \nabla_X \sigma \rangle - \int_M \langle \omega, \sigma \rangle \operatorname{div}(X). \tag{2}$$

<u>Schritt 2:</u> Für alle $i \in \{1, \ldots, n\}$ und $X = \sum_{j=1}^n X^j E_j \in \Gamma(TM)$ gilt, dass

$$(\nabla_{E_i} E^i)(X) = \partial_{E_i}\left(E^i(X)\right) - E^i(\nabla_{E_i} X)$$

$$= \partial_{E_i} X^i - \sum_{j=1}^n E^i\left((\partial_{E_i} X^j)E_j + X^j \nabla_{E_i} E_j\right)$$

$$= \partial_{E_i} X^i - \partial_{E_i} X^i - \sum_{j=1}^n X^j E^i(\underbrace{\nabla_{E_i} E_j}_{=\sum_{l=1}^n \Gamma_{ij}^l E_l})$$

$$= - \sum_{j=1}^n X^j \Gamma_{ij}^i = - \sum_{j=1}^n \Gamma_{ij}^i E^j(X).$$

Daher ist

$$\sum_{i=1}^n \nabla_{E_i} E^i = - \sum_{i,j=1}^n \Gamma_{ij}^i E^j. \tag{3}$$

$\underline{\text{Schritt 3}}$: Es ist für alle $i \in \{1, \dots, n\}$

$$\operatorname{div}(E_i) = \sum_{j=1}^{n} \langle \nabla_{E_j} E_i, E_j \rangle = \sum_{j=1}^{n} \Gamma_{ji}^{j},$$

weshalb

$$\sum_{i=1}^{n} \operatorname{div}(E_i) E^i = \sum_{i,j=1}^{n} \Gamma_{ji}^{j} E^i \overset{(3)}{=} -\sum_{i=1}^{n} \nabla_{E_i} E^i. \tag{4}$$

$\underline{\text{Schritt 4}}$: Seien nun $\omega \in \Omega_c^k(M)$ und $\eta \in \Omega_c^{k+1}(M)$. Dann gilt mit Lemma 2.10 und den Schritten 1 und 3, dass

$$\left(\omega, -\sum_{i=1}^{n} E_i \lrcorner \nabla_{E_i} \eta \right) = -\int_M \sum_{i=1}^{n} \langle \omega, E_i \lrcorner \nabla_{E_i} \eta \rangle$$

$$\overset{2.10}{=} -\int_M \sum_{i=1}^{n} \langle E^i \wedge \omega, \nabla_{E_i} \eta \rangle$$

$$\overset{(2)}{=} \int_M \sum_{i=1}^{n} \left(\langle \nabla_{E_i}(E^i \wedge \omega), \eta \rangle + \langle \eta, E^i \wedge \omega \rangle \operatorname{div}(E_i) \right)$$

$$= \int_M \sum_{i=1}^{n} \langle E^i \wedge \nabla_{E_i} \omega, \eta \rangle$$

$$+ \underbrace{\int_M \left(\left\langle \sum_{i=1}^{n} \nabla_{E_i} E^i \wedge \omega, \eta \right\rangle + \left\langle \eta, \sum_{i=1}^{n} \operatorname{div}(E_i) E^i \wedge \omega \right\rangle \right)}_{\overset{(4)}{=} 0}$$

$$= \int_M \langle d\omega, \eta \rangle = (d\omega, \eta) = (\omega, \delta\eta).$$

Da ω und η beliebig waren, folgt die zweite Behauptung. $\qquad\square$

Um vom Spektrum von $F_{\alpha\beta}^{M}$ (im Fall, dass M kompakt ist) als Menge von Eigenwerten mit zugehörigen Vielfachheiten sprechen zu können, führen wir das Konzept einer gewichteten Menge ein.

Definition 2.12.

1. Eine gewichtete Menge ist eine Funktion $W : \mathbb{C} \to \mathbb{N}_0$.

2. Falls W einen abzählbaren Träger $\operatorname{supp}(W) := \{z \in \mathbb{C} \mid W(z) \neq 0\} = \{z_i \mid i \in \mathbb{N}\}$ hat, schreiben wir

$$W := \{(z_1, W(z_1)), (z_2, W(z_2)), \dots\}$$

bzw.

$$W := \{\underbrace{z_1, \ldots, z_1}_{W(z_1)\text{-mal}}, \underbrace{z_2, \ldots, z_2}_{W(z_2)\text{-mal}}, \ldots\}_W.$$

3. Seien W und W' gewichtete Mengen, dann sei ihre gewichtete Vereinigung $W \uplus W'$ wie folgt definiert:

$$(W \uplus W')(z) := W(z) + W'(z)$$

für alle $z \in \mathbb{C}$.

4. Außerdem führen wir für $m, m' \in \mathbb{N}_0$ folgende Notation ein:

$$W \; {}^m\!\uplus^{m'} W' := \underbrace{W \uplus \cdots \uplus W}_{m\text{ -mal}} \uplus \underbrace{W' \uplus \cdots \uplus W'}_{m'\text{ -mal}}.$$

Für $m = 1$ oder $m' = 1$ lassen wir den Index meist weg.

5. Die Differenz von W und W' ist die gewichtete Menge $W \backslash W'$, welche durch

$$(W \backslash W')(z) := \max\{W(z) - W'(z), 0\}$$

für alle $z \in \mathbb{C}$ definiert ist.

6. Das Minimum einer gewichteten Menge W mit dem Träger $\mathrm{supp}(W) \subseteq \mathbb{R}$ legen wir durch $\min(W) := \min(\mathrm{supp}(W))$ fest.

7. Für $r \in \mathbb{R}^*$ sei $rW(z) := W\left(\frac{z}{r}\right)$ für alle $z \in \mathbb{C}$.

Bemerkung 2.13. Anders als in gewöhnlichen Mengen können in gewichteten Mengen Elemente mehrfach auftreten.

Definition 2.14. Seien $\alpha, \beta > 0$ und M kompakt.

1. Wir bezeichnen mit

$$\mathrm{Eig}(F_{\alpha\beta}^M, \lambda) := \{\omega \in \Omega^1(M) \mid F_{\alpha\beta}^M \omega = \lambda \omega\}$$

den Eigenraum von $F_{\alpha\beta}^M$ zum Eigenwert λ.

2. Das Spektrum von $F_{\alpha\beta}^M$ ist die gewichtete Menge

$$\mathrm{Spek}(F_{\alpha\beta}^M) := \dim\left(\mathrm{Eig}(F_{\alpha\beta}^M, \cdot)\right).$$

Für zweidimensionale orientierbare riemannsche Mannigfaltigkeiten M sind die Spektren von $F_{\alpha\beta}^M$ und $F_{\beta\alpha}^M$, wie wir im Folgenden zeigen werden, identisch.

Definition 2.15. Sei M orientiert und vol_M die kanonische riemannsche Volumenform auf M. Dann nennt man die für alle $0 \leqslant k \leqslant n$ durch

$$\omega \wedge {*}\sigma = \langle \omega, \sigma \rangle \mathrm{vol}_M$$

für alle $\omega, \sigma \in \Omega^k(M)$ gegebene eindeutige lineare Abbildung

$$* : \Omega^k(M) \to \Omega^{n-k}(M)$$

den Hodge-Stern-Operator.

Bemerkung 2.16. In [Jän03, S. 220-225] kann man die folgenden Aussagen nachlesen:

1. Man kann zeigen, dass tatsächlich solch eine lineare Abbildung $*$ existiert und dass diese eindeutig ist.

2. Für alle $\omega \in \Omega^k(M)$ ist

$$* * \omega = (-1)^{k(n-k)}\omega.$$

3. Auf orientierbaren Mannigfaltigkeiten M können wir für $0 \leqslant k \leqslant n$ das Kodifferential $\delta : \Omega^{n-k}(M) \to \Omega^{n-k-1}(M)$ nun auch mittels des Hodge-Stern-Operators ausdrücken:

$$\delta = (-1)^{k+1} * d *^{-1} .$$

Proposition 2.17. *Seien $\alpha, \beta > 0$ und M eine zweidimensionale orientierbare riemannsche Mannigfaltigkeit. Dann stimmen die Spektren von $F_{\alpha\beta}^M$ und $F_{\beta\alpha}^M$ überein.*

Beweis. Sei zunächst $n \in \mathbb{N}$ beliebig. Für $0 \leqslant k \leqslant n$ schreiben wir $*_k :=$ $*|_{\Omega^k(M)}$. Es gilt wegen

$$*_{n-k}*_k = (-1)^{k(n-k)}\mathrm{id}_{\Omega^k(M)} \tag{5}$$

und

$$\delta = (-1)^{k+1} *_{k+1} d*_k^{-1}, \tag{6}$$

für alle $0 \leqslant k \leqslant n$, dass

$$
\begin{aligned}
*_k \delta *_{k+1}^{-1} &\overset{(5)}{=} (-1)^{k(n-k)}(-1)^{(k+1)(n-k-1)} *_{n-k}^{-1} \delta *_{n-k-1} \\
&= (-1)^{(2k+1)(n-k)-k-1} *_{n-k}^{-1} \delta *_{n-k-1} \\
&= (-1)^{n-1} *_{n-k}^{-1} \delta *_{n-k-1} \\
&\overset{(6)}{=} (-1)^{n-1+n-k}d \\
&= (-1)^{k+1}d.
\end{aligned}
\tag{7}
$$

Folglich ist

$$\underbrace{*_k d}_{\overset{(6)}{=}(-1)^k \delta *_{k-1}} \delta *_k^{-1} = (-1)^k \delta *_{k-1} \delta *_k^{-1} \overset{(7)}{=} (-1)^{2k} \delta d = \delta d$$

und

$$*_k \delta \underbrace{d *_k^{-1}}_{\overset{(6)}{=}(-1)^{k+1} *_{k+1}^{-1} \delta} = (-1)^{k+1} *_k \delta *_{k+1}^{-1} \delta \overset{(7)}{=} (-1)^{2(k+1)} d\delta = d\delta.$$

Insgesamt ergibt sich

$$*_k(\alpha d\delta + \beta \delta d) *_k^{-1} = \alpha \delta d + \beta d\delta.$$

Sei nun $n = 2$ wie vorausgesetzt. Dann ist $*_1$ eine bijektive Selbstabbildung von $\Omega^1(M)$. Wir haben also gezeigt, dass

$$*_1 F_{\alpha\beta}^M *_1^{-1} = F_{\beta\alpha}^M.$$

Sei nun $\omega \in \mathrm{Eig}(F_{\alpha\beta}^M, \lambda)$. Dann ist

$$F_{\beta\alpha}^M *_1 \omega = *_1 F_{\alpha\beta}^M \omega = *_1 \lambda\omega = \lambda *_1 \omega,$$

d.h., $*_1\omega \in \mathrm{Eig}(F_{\beta\alpha}^M, \lambda)$. Ist umgekehrt $\eta \in \mathrm{Eig}(F_{\beta\alpha}^M, \lambda) \subseteq \Omega^1(M)$, so gibt es ein $\omega \in \Omega^1(M)$ mit $\eta = *_1\omega$ und es gilt

$$*_1 F_{\alpha\beta}^M \omega = *_1 F_{\alpha\beta}^M *^{-1} \eta = F_{\beta\alpha}^M \eta = \lambda\eta = \lambda *_1 \omega = *_1 \lambda\omega.$$

Daher ist

$$F_{\alpha\beta}^M \omega = \lambda\omega$$

und somit $\omega \in \mathrm{Eig}(F_{\alpha\beta}^M, \lambda)$. Wir haben insgesamt also gezeigt, dass die Abbildung

$$*_1 : \mathrm{Eig}(F_{\alpha\beta}^M, \lambda) \to \mathrm{Eig}(F_{\beta\alpha}^M, \lambda)$$

bijektiv ist und demzufolge

$$\mathrm{Spek}(F_{\alpha\beta}^M) = \mathrm{Spek}(F_{\beta\alpha}^M). \qquad \square$$

3 Spektrum auf flachen Tori

3.1 Vorbetrachtungen

Definition 3.1. Sei $B := \{b_1, \ldots, b_n\}$ eine Basis von $\mathbb{R}^n$ und $\{b^1, \ldots, b^n\}$ die zugehörige duale Basis von $(\mathbb{R}^n)^*$, d.h., $b^i(b_j) = \delta^i_j$ für alle $i, j \in \{1, \ldots, n\}$. Dann ist

$$\Lambda_B := \left\{ \sum_{i=1}^n k_i b_i \ \middle| \ k_1, \ldots, k_n \in \mathbb{Z} \right\}$$

das durch B induzierte Gitter und

$$\Lambda_B^* := \left\{ \sum_{i=1}^n k_i b^i \ \middle| \ k_1, \ldots, k_n \in \mathbb{Z} \right\} = \{l \in (\mathbb{R}^n)^* \mid \forall \lambda \in \Lambda : l(\lambda) \in \mathbb{Z}\}$$

das zu Λ_B duale Gitter.

Sei Λ ein Gitter im $\mathbb{R}^n$ und $\pi : \mathbb{R}^n \to \mathbb{R}^n/\Lambda : x \mapsto [x]$ die kanonische Projektion auf $\mathbb{R}^n/\Lambda$. Dann ist $(\mathbb{R}^n/\Lambda, g)$ ein flacher n-dimensionaler Torus zum Gitter Λ. Wir schreiben dafür häufig T^n. Hierbei ist $\mathbb{R}^n/\Lambda$ ausgestattet mit der riemannschen Metrik g, die von der Standardmetrik g_{std} auf $\mathbb{R}^n$ mittels $g_{\mathrm{std}} = \pi^* g$ induziert wird. Das bedeutet, dass für alle $p \in \mathbb{R}^n$ und $X, Y \in T_p \mathbb{R}^n$

$$(g_{\mathrm{std}})_p(X, Y) = g_{\pi(p)}(d\pi_p(X), d\pi_p(Y)).$$

Flache Tori sind bzgl. der gewöhnlichen Addition Lie-Gruppen.

Definition 3.2. Zu $\lambda \in \mathbb{R}^n$ sei

$$L_\lambda : \mathbb{R}^n \to \mathbb{R}^n : x \mapsto \lambda + x$$

die Linkstranslation um λ.

Bemerkung 3.3. Für alle $\lambda, x \in \mathbb{R}^n$ gilt:

$$(dL_\lambda)_x \ \widehat{=} \ \left(\frac{\partial (L_\lambda)_i}{\partial x_j}(x) \right)_{i,j \in \{1,\ldots,n\}} = \left(\frac{\partial (\lambda_i + x_i)}{\partial x_j} \right)_{i,j \in \{1,\ldots,n\}}$$

$$= (\delta_{ij})_{i,j \in \{1,\ldots,n\}} = \mathbb{1}_n,$$

d.h., $(dL_\lambda)_x = \mathrm{id}$ unter der üblichen Identifikation $T_x \mathbb{R}^n \cong \mathbb{R}^n \cong T_{\lambda+x}\mathbb{R}^n$.

Lemma 3.4. *Sei T^n ein flacher Torus. Dann induzieren Basen von $\mathbb{R}^n$ globale Basen von $T^* T^n$.*

Beweis. Seien $T^n := \mathbb{R}^n/\Lambda$ der flache Torus zum Gitter Λ und $\{b_1, \ldots, b_n\}$ eine Basis von $\mathbb{R}^n$. Wir fassen für $i \in \{1, \ldots, n\}$ die b_i als Vektorfelder $b_i : \mathbb{R}^n \to T\mathbb{R}^n \cong \mathbb{R}^n : x \mapsto b_i(x) = b_i$ auf. Diese sind konstant, also glatt, und offensichtlich in jedem Punkt linear unabhängig, und bilden demnach eine globale Basis von $T\mathbb{R}^n$. Zu $x \in \mathbb{R}^n$ setzen wir $\tilde{b}_i([x]) := (d\pi)_x(b_i(x)) = (d\pi)_x(b_i)$ und erhalten glatte Vektorfelder $\tilde{b}_i \in \Gamma(TT^n)$. Diese sind wohldefiniert, denn für $y \in [x]$, d.h. $y = x + \lambda$ für ein $\lambda \in \Lambda$, gilt:

$$\tilde{b}_i([y]) = \tilde{b}_i([x+\lambda]) = (d\pi)_{x+\lambda}(b_i) = (d\pi)_{L_\lambda(x)}\big(\underbrace{(dL_\lambda)_x(b_i)}_{\overset{3.3}{=}\mathrm{id}}\big)$$

$$= d(\underbrace{\overbrace{\pi \circ L_\lambda}^{=\pi}}_{y \mapsto [y+\lambda]=[y]})_x(b_i) = (d\pi)_x(b_i) = \tilde{b}_i([x]).$$

Da π ein lokaler Diffeomorphismus ist, sind die $(d\pi)_x$ für alle $x \in \mathbb{R}^n$ Isomorphismen und bilden demnach Basen auf Basen ab. $\{\tilde{b}_1, \ldots, \tilde{b}_n\}$ ist demzufolge in jedem Punkt von T^n linear unabhängig und bildet insgesamt eine globale Basis von TT^n. Die zugehörige duale Basis $\{\tilde{b}^1, \ldots, \tilde{b}^n\} \subset \Omega^1(T^n)$ ist dann eine globale Basis von T^*T^n. $\square$

Notation 3.5. Wir schreiben im Folgenden $\{\partial_1, \ldots, \partial_n\}$ und $\{dx^1, \ldots, dx^n\}$ für die wie im Beweis von Lemma 3.4 von der Standardbasis des $\mathbb{R}^n$ induzierten globalen Basen von TT^n und T^*T^n.

Bemerkung 3.6. Für flache Tori T^n haben wir aufgrund der Existenz einer globalen Basis von T^*T^n folgenden Isomorphismus:

$$L^2(T^n, \mathbb{C}) \otimes (\mathbb{R}^n)^* \to \Omega^1_{L^2}(T^n, \mathbb{C})$$
$$\sum_{i=1}^n f_i e^i \mapsto \sum_{i=1}^n f_i dx^i,$$

wobei $\{e^1, \ldots, e^n\}$ die zur Standardbasis im $\mathbb{R}^n$ duale Basis ist.

Definition 3.7. Sei $\{e^1, \ldots, e^n\}$ die duale Basis der globalen Standardbasis von $T\mathbb{R}^n$ und T^n ein flacher Torus. Dann sind

$$\Omega^1_{\mathrm{const}}(T^n) := \{\omega \in \Omega^1(T^n) \mid \nabla\omega = 0\}$$
$$= \left\{ \sum_{i=1}^n a_i dx^i \;\middle|\; \forall i \in \{1, \ldots, n\} : a_i \in \mathbb{R} \right\}$$

und

$$\Omega^1_{\text{const}}(\mathbb{R}^n) := \{\omega \in \Omega^1(\mathbb{R}^n) \mid \nabla\omega = 0\}$$

$$= \left\{ \sum_{i=1}^n a_i e^i \ \middle| \ \forall i \in \{1,\dots,n\} : a_i \in \mathbb{R} \right\}$$

die Räume aller parallelen Einsformen auf T^n bzw. $\mathbb{R}^n$.
Weiterhin definieren wir die Räume $\Omega^1_{\text{const}}(T^n,\mathbb{C}) := \Omega^1_{\text{const}}(T^n) \otimes \mathbb{C}$ und $\Omega^1_{\text{const}}(\mathbb{R}^n,\mathbb{C}) := \Omega^1_{\text{const}}(\mathbb{R}^n) \otimes \mathbb{C}$.

Bemerkung 3.8. Für flache Tori T^n ist

$$\Omega^1_{\text{const}}(T^n) \cong (\mathbb{R}^n)^*$$

$$\text{vermöge} \qquad \sum_{i=1}^n a_i dx^i \mapsto \sum_{i=1}^n a_i e^i = (a_1,\dots,a_n),$$

wobei $\{e^1,\dots,e^n\}$ die zur Standardbasis von $\mathbb{R}^n$ duale Basis ist.
Wir werden diese beiden Vektorräume im Folgenden miteinander identifizieren ohne es immer explizit anzugeben.

Als nächstes untersuchen wir, wie δ auf $\Omega^1(T^n,\mathbb{C})$ und $\Omega^2(T^n,\mathbb{C})$ für flache Tori T^n bzgl. der durch die dx^i, $i \in \{1,\dots,n\}$, induzierten Basen wirkt. Seien dazu

$$\omega = \sum_{i=1}^n \omega_i dx^i \in \Omega^1(T^n,\mathbb{C})$$

und

$$\eta = \sum_{i,j=1}^n \eta_{ij} dx^i \wedge dx^j \in \Omega^2(T^n,\mathbb{C}).$$

Dann gilt für alle $f \in \mathcal{C}^\infty(T^n,\mathbb{C})$, dass

$$\int_{T^n} \langle \delta\omega, f \rangle = \int_{T^n} \langle \omega, df \rangle = \sum_{i,j=1}^n \int_{T^n} \omega_i \cdot \overline{\partial_j f} \underbrace{\langle dx^i, dx^j \rangle}_{=\delta^{ij}}$$

$$= \sum_{i=1}^n \int_{T^n} \omega_i \cdot \overline{\partial_i f} = - \sum_{i=1}^n \int_{T^n} \partial_i \omega_i \cdot \overline{f}$$

$$= \int_{T^n} \langle -\sum_{i=1}^n \partial_i \omega_i, f \rangle$$

und für alle $\nu \in \Omega^1(T^n, \mathbb{C})$, dass

$$\int_{T^n} \langle \delta\eta, \nu \rangle = \int_{T^n} \langle \eta, d\nu \rangle$$

$$= \sum_{i,j,k,l=1}^{n} \int_{T^n} \eta_{ij} \cdot \overline{\partial_l \nu_k} \underbrace{\langle dx^i \wedge dx^j, dx^l \wedge dx^k \rangle}_{\substack{= \langle dx^i, dx^l \rangle \langle dx^j, dx^k \rangle - \langle dx^i, dx^k \rangle \langle dx^j, dx^l \rangle \\ = \delta^{il}\delta^{jk} - \delta^{ik}\delta^{jl}}}$$

$$= \sum_{i,j=1}^{n} \int_{T^n} \eta_{ij}(\overline{\partial_i \nu_j} - \overline{\partial_j \nu_i})$$

$$= \sum_{i,j=1}^{n} \int_{T^n} (-\partial_i \eta_{ij} \cdot \overline{\nu_j} + \partial_j \eta_{ij} \cdot \overline{\nu_i})$$

$$= \sum_{i,j=1}^{n} \int_{T^n} \partial_i(\eta_{ji} - \eta_{ij})\overline{\nu_j}$$

$$= \sum_{i,j,k=1}^{n} \int_{T^n} \partial_i(\eta_{ji} - \eta_{ij})\overline{\nu_k}\langle dx^j, dx^k \rangle$$

$$= \sum_{i,j=1}^{n} \int_{T^n} \langle \partial_i(\eta_{ji} - \eta_{ij})dx^j, \nu \rangle.$$

Wir haben also:

Proposition 3.9. *Sei T^n ein flacher Torus. Dann wirkt δ auf $\Omega^1(T^n, \mathbb{C})$ und $\Omega^2(T^n, \mathbb{C})$ bzgl. der globalen Basen*

$$\{dx^i\}_{i \in \{1, \ldots, n\}} \qquad und \qquad \{dx^i \wedge dx^j\}_{i,j \in \{1, \ldots, n\}: i < j}$$

von T^*T^n und $\Lambda^2 T^*T^n$ auf folgende Weise:

$$\delta : \Omega^1(T^n, \mathbb{C}) \to \mathcal{C}^\infty(T^n, \mathbb{C})$$

$$\sum_{i=1}^{n} \omega_i dx^i \mapsto -\sum_{i=1}^{n} \partial_i \omega_i$$

und

$$\delta : \Omega^2(T^n, \mathbb{C}) \to \Omega^1(T^n, \mathbb{C})$$

$$\sum_{i,j=1}^{n} \eta_{ij} dx^i \wedge dx^j \mapsto \sum_{i,j=1}^{n} \partial_j(\eta_{ij} - \eta_{ji})dx^i. \tag{8}$$

Bemerkung 3.10.

1. Satz 3.9 gilt auch für $\mathbb{R}^n$ und die duale Basis $\{e^1, \ldots, e^n\}$ der globalen Standardbasis von $T\mathbb{R}^n$ anstelle von T^n und $\{dx^1, \ldots, dx^n\}$.

2. (8) ist wohldefiniert, denn falls

$$\sum_{i,j=1}^{n} \eta_{ij} dx^i \wedge dx^j = \sum_{i,j=1}^{n} \tau_{ij} dx^i \wedge dx^j,$$

so gilt für alle $i, j \in \{1, \ldots, n\}$, dass

$$\eta_{ij} - \eta_{ji} = \tau_{ij} - \tau_{ji},$$

da $dx^i \wedge dx^j = -dx^j \wedge dx^i$ und $\{dx^i \wedge dx^j\}_{i,j\in\{1,\ldots,n\}: i<j}$ eine globale Basis von $\Lambda^2 T^* T^n$ ist. Demzufolge ist

$$\delta\left(\sum_{i,j=1}^{n} \eta_{ij} dx^i \wedge dx^j\right) = \delta\left(\sum_{i,j=1}^{n} \tau_{ij} dx^i \wedge dx^j\right).$$

Bemerkung 3.11. Sei $T^n := \mathbb{R}^n/\Lambda$ der flache Torus zum Gitter Λ.

1. Für $l \in \Lambda^*$ sind die Funktionen $\chi_l : T^n \to \mathbb{C} : [x] \mapsto e^{2\pi i l(x)}$ genau die Charaktere der Lie-Gruppe T^n und bilden nach dem Satz von Peter-Weyl ([Wer04, S. 250]) eine Basis von $L^2(T^n, \mathbb{C})$.
   Die χ_l sind wohldefiniert, da für alle $l \in \Lambda^*$ die Abbildung $\mathbb{R}^n \to \mathbb{C} : x \mapsto e^{2\pi i l(x)}$ Λ-periodisch ist, genauer: Für $\lambda \in \Lambda$ ist wegen $l(\lambda) \in \mathbb{Z}$

$$\chi_l([x + \lambda]) = e^{2\pi i l(x+\lambda)} = e^{2\pi i l(x)} e^{2\pi i l(\lambda)} = e^{2\pi i l(x)} = \chi_l([x]).$$

2. Zu $l \in \Lambda^*$ sind die χ_l (und Vielfache davon) gerade die Eigenfunktionen von Δ_0 auf $\mathcal{C}^\infty(T^n, \mathbb{C})$ zu den Eigenwerten $\lambda_1^l := 4\pi^2 |l|^2$ und es ist

$$\mathrm{Spek}(\Delta_0^{T^n}) = \bigcup_{l \in \Lambda^*} \{\lambda_1^l\}_1. \tag{9}$$

3.2 Eigenzerlegung

In diesem Abschnitt seien Λ ein Gitter im $\mathbb{R}^n$, $n > 0$ und $T^n := \mathbb{R}^n/\Lambda$ der zugehörige flache Torus. Wir berechnen für $\alpha, \beta > 0$ die Eigenwerte von $F_{\alpha\beta}^{T^n}$ zusammen mit den zugehörigen Eigenräumen.

Es sei dazu $\omega = \sum_{i=1}^n \omega_i dx^i \in \Omega^1(T^n, \mathbb{C})$. Dann sind für alle $i \in \{1, \dots, n\}$ die $\omega_i \in \mathcal{C}^\infty(T^n, \mathbb{C}) \subset L^2(T^n, \mathbb{C})$. Wegen Bemerkung 3.11(1.) gibt es also $\omega_i^l \in \mathbb{C}$ zu $l \in \Lambda^*$, sodass die Reihe

$$\omega_i = \sum_{l \in \Lambda^*} \omega_i^l \chi_l$$

in $L^2(T^n, \mathbb{C})$ konvergiert. Wir setzen

$$\omega^l := \sum_{i=1}^n \omega_i^l dx^i \in \Omega^1_{\mathrm{const}}(T^n, \mathbb{C}) \cong (\mathbb{C}^n)^*.$$

Damit gilt $\omega = \sum_{l \in \Lambda^*} \chi_l \omega^l$. Es ist nun

$$d\delta\omega = -\sum_{i,j=1}^n \partial_j \partial_i \omega_i dx^j = -\sum_{i,j=1}^n \sum_{l \in \Lambda^*} \omega_i^l \underbrace{\partial_j \partial_i \chi_l}_{=(2\pi i)^2 l_j l_i \chi_l} dx^j$$

$$= 4\pi^2 \sum_{i,j=1}^n \sum_{l \in \Lambda^*} \omega_i^l l_i l_j \chi_l dx^j$$

$$= 4\pi^2 \sum_{i=1}^n \sum_{l \in \Lambda^*} \omega_i^l l_i \chi_l l = 4\pi^2 \sum_{l \in \Lambda^*} \langle \omega^l, l \rangle \chi_l l$$

und

$$\delta d\omega = \delta \left(\sum_{i,j=1}^n \partial_j \omega_i dx^j \wedge dx^i \right) = \sum_{i,j=1}^n \partial_j (\partial_i \omega_j - \partial_j \omega_i) dx^i$$

$$= \sum_{i,j=1}^n (\partial_j \partial_i \omega_j - \partial_j^2 \omega_i) dx^i$$

$$= 4\pi^2 \sum_{i,j=1}^n \sum_{l \in \Lambda^*} (-\omega_j^l l_j l_i + \omega_i^l l_j^2) \chi_l dx^i$$

$$= 4\pi^2 \sum_{j=1}^n \sum_{l \in \Lambda^*} \chi_l (-\omega_j^l l_j l + l_j^2 \omega^l)$$

$$= 4\pi^2 \sum_{l \in \Lambda^*} \chi_l (-\langle \omega^l, l \rangle l + |l|^2 \omega^l).$$

Somit erhalten wir insgesamt

$$F_{\alpha\beta}^{T^n} \omega = 4\pi^2 \left((\alpha - \beta) \sum_{l \in \Lambda^*} \langle \omega^l, l \rangle \chi_l l + \beta \sum_{l \in \Lambda^*} |l|^2 \chi_l \omega^l \right)$$

$$= 4\pi^2 \sum_{l \in \Lambda^*} \chi_l \left((\alpha - \beta) \langle \omega^l, l \rangle l + \beta |l|^2 \omega^l \right).$$

Wegen Bemerkung 3.11(1.) sieht man nach Koeffizientenvergleich, dass die Eigenwertgleichung

$$F_{\alpha\beta}^{T^n} \omega = \lambda\omega = \lambda \sum_{l\in\Lambda^*} \chi_l\omega^l$$

genau dann für ein $\lambda \in \mathbb{R}$ erfüllt ist, wenn für alle $l \in \Lambda^*$ gilt, dass

$$4\pi^2\left((\alpha-\beta)\langle\omega^l,l\rangle l + \beta|l|^2\omega^l\right) = \lambda\omega^l. \qquad (EG_{\lambda,l})$$

Definition 3.12. Zu $l \in \Lambda^*$ setzen wir

$$\lambda_\alpha^l := 4\pi^2\alpha|l|^2,$$
$$\lambda_\beta^l := 4\pi^2\beta|l|^2$$

und

$$V_l := \chi_l\mathbb{R}l,$$
$$W_l := \chi_l l^\perp.$$

Bemerkung 3.13. Es ist offensichtlich, dass für alle $k,l \in \Lambda^*$ mit $k \neq l$ die Räume V_k und V_l, W_k und W_l, V_k und W_l, und V_k und W_k paarweise orthogonal sind. Die Summen $V_k \oplus V_l$, $W_k \oplus W_l$, $V_k \oplus W_l$ und $V_k \oplus W_k$ sind deshalb direkt.

Sei nun $l \in \Lambda^*$. Wir sehen sofort, dass $rl \in \mathbb{R}l$ für alle $r \in \mathbb{R}$ die Gleichung $(EG_{\lambda_\alpha^l,l})$

$$4\pi^2\left((\alpha-\beta)r\langle l,l\rangle l + \beta|l|^2 rl\right) = 4\pi^2\alpha|l|^2 rl = \lambda_\alpha^l rl$$

und $\omega^l \in l^\perp$ die Gleichung $(EG_{\lambda_\beta^l,l})$ erfüllt:

$$4\pi^2\Big((\alpha-\beta)\underbrace{\langle\omega^l,l\rangle}_{=0} l + \beta|l|^2\omega^l\Big) = 4\pi^2\beta|l|^2\omega^l = \lambda_\beta^l\omega^l.$$

Es gilt demzufolge, dass

$$F_{\alpha\beta}^{T^n}\chi_l rl = \lambda_\alpha^l\chi_l rl \quad\text{und}\quad F_{\alpha\beta}^{T^n}\chi_l\omega^l = \lambda_\beta^l\chi_l\omega^l,$$

d.h., dass $\chi_l rl$ und $\chi_l\omega^l$ Eigenformen von $F_{\alpha\beta}^{T^n}$ zu den Eigenwerten λ_α^l bzw. λ_β^l sind. Wir wissen somit schon, dass

$$\left(\bigcup_{l\in\Lambda^*}\{\lambda_\alpha^l\}_1\right) \cup \left(\bigcup_{l\in\Lambda^*}\{\lambda_\beta^l\}_{n-1}\right) \subseteq \operatorname{Spek}(F_{\alpha\beta}^{T^n})$$

und dass für alle $l \in \Lambda^*$

$$V_l \subseteq \mathrm{Eig}(F_{\alpha\beta}^{T^n}, \lambda_\alpha^l) \quad \text{und} \quad W_l \subseteq \mathrm{Eig}(F_{\alpha\beta}^{T^n}, \lambda_\beta^l). \tag{10}$$

Das folgende Theorem zeigt, dass wir mit λ_α^l und λ_β^l für $l \in \Lambda^*$ schon das gesamte Spektrum von $F_{\alpha\beta}^{T^n}$ gefunden haben.

Theorem 3.14. *Seien $\alpha, \beta > 0$. Das Spektrum des Operators $F_{\alpha\beta}^{T^n}$ ist gegeben durch*

$$\mathrm{Spek}(F_{\alpha\beta}^{T^n}) = \left(\bigcup_{l \in \Lambda^*} \{\lambda_\alpha^l\}_1 \right) \uplus \left(\bigcup_{l \in \Lambda^*} \{\lambda_\beta^l\}_{n-1} \right)$$

und die zugehörigen Eigenräume lauten für $k \in \Lambda^*$

$$\mathrm{Eig}(F_{\alpha\beta}^{T^n}, \lambda_\alpha^k) = \bigoplus_{\substack{l \in \Lambda^*: \\ |l|=|k|}} V_l \oplus \bigoplus_{\substack{l \in \Lambda^*: \\ |l|=\sqrt{\frac{\alpha}{\beta}}|k|}} W_l \tag{11}$$

und

$$\mathrm{Eig}(F_{\alpha\beta}^{T^n}, \lambda_\beta^k) = \bigoplus_{\substack{l \in \Lambda^*: \\ |l|=\sqrt{\frac{\beta}{\alpha}}|k|}} V_l \oplus \bigoplus_{\substack{l \in \Lambda^*: \\ |l|=|k|}} W_l. \tag{12}$$

Beweis. Sei $\{e^i\}_{i \in \{1,\dots,n\}} \subseteq (\mathbb{R}^n)^*$ die zur Standardbasis des $\mathbb{R}^n$ duale Basis. Da $\{\chi_l\}_{l \in \Lambda^*}$ eine Basis von $L^2(T^n, \mathbb{C})$ ist, ist

$$\{\chi_l e^i\}_{l \in \Lambda^*, \, i \in \{1,\dots,n\}}$$

eine Basis von $L^2(T^n, \mathbb{C}) \otimes (\mathbb{R}^n)^*$. Zu $v_n^l := l \in \Lambda^*$ sei weiterhin $\{v_1^l, \dots, v_{n-1}^l\}$ eine Basis von $l^\perp$. Es ist offensichtlich, dass dann

$$L : L^2(T^n, \mathbb{C}) \otimes (\mathbb{R}^n)^* \to L^2(T^n, \mathbb{C}) \otimes (\mathbb{R}^n)^* : \chi_l e^i \mapsto \chi_l v_i^l$$

ein Isomorphismus und daher auch

$$\{L(\chi_l e^i)\}_{l \in \Lambda^*, \, i \in \{1,\dots,n\}} = \{\chi_l v_i^l\}_{l \in \Lambda^*, \, i \in \{1,\dots,n\}}$$

eine Basis von $L^2(T^n, \mathbb{C}) \otimes (\mathbb{R}^n)^*$ ist. Damit ist aber

$$\overline{\bigoplus_{l \in \Lambda^*} V_l \oplus \bigoplus_{l \in \Lambda^*} W_l}^{L^2} = \overline{\mathrm{span}\{\chi_l v_i^l\}_{l \in \Lambda^*, \, i \in \{1,\dots,n\}}}^{L^2}$$

$$= L^2(T^n, \mathbb{C}) \otimes (\mathbb{R}^n)^*$$

$$\overset{3.6}{\cong} \Omega_{L^2}^1(T^n, \mathbb{C}).$$

Seien nun $\lambda \in \mathrm{Spek}(F_{\alpha\beta}^{T^n})$ und $\omega \in \mathrm{Eig}(F_{\alpha\beta}^{T^n}, \lambda) \subseteq \Omega_{L^2}^1(T^n, \mathbb{C})$ mit $\omega \neq 0$. Wegen obiger Überlegung gibt es $v_l \in V_l$ und $w_l \in W_l$ zu jedem $l \in \Lambda^*$, sodass $\omega = \sum_{l \in \Lambda^*} (v_l + w_l)$. Es folgt, dass

$$\lambda \sum_{l \in \Lambda^*} (v_l + w_l) = \lambda\omega = F_{\alpha\beta}^{T^n} \omega \overset{(10)}{=} \sum_{l \in \Lambda^*} (\lambda_\alpha^l v_l + \lambda_\beta^l w_l).$$

Damit gilt aber, dass $\lambda_\alpha^l = \lambda$ für alle $l \in \Lambda^*$ mit $v_l \neq 0$ und $\lambda_\beta^l = \lambda$ für alle $l \in \Lambda^*$ mit $w_l \neq 0$. Folglich ist

$$\mathrm{Eig}(F_{\alpha\beta}^{T^n}, \lambda) \subseteq \overline{\bigoplus_{\substack{l \in \Lambda^*: \\ \lambda_\alpha^l = \lambda}} V_l \oplus \bigoplus_{\substack{l \in \Lambda^*: \\ \lambda_\beta^l = \lambda}} W_l}^{L^2} = \bigoplus_{\substack{l \in \Lambda^*: \\ \lambda_\alpha^l = \lambda}} V_l \oplus \bigoplus_{\substack{l \in \Lambda^*: \\ \lambda_\beta^l = \lambda}} W_l.$$

Wegen $\omega \neq 0$ ist also $\lambda = \lambda_\alpha^l$ oder $\lambda = \lambda_\beta^l$ für ein $l \in \Lambda^*$. λ ist demzufolge einer der bereits gefundenen Eigenwerte, weshalb wir in obiger Herleitung schon das gesamte Spektrum von $F_{\alpha\beta}^{T^n}$ gefunden haben.

Wir bestimmen nun die zugehörigen Eigenräume. Dazu wählen wir $k \in \Lambda^*$ fest und betrachten $\lambda := \lambda_\alpha^k$. Es gilt für alle $l \in \Lambda^*$, dass $\lambda_\alpha^l = \lambda_\alpha^k$ genau dann, wenn $|l| = |k|$ und $\lambda_\beta^l = \lambda_\alpha^k$ genau dann, wenn $|l| = \sqrt{\frac{\alpha}{\beta}}|k|$. Es ergibt sich daher, dass

$$\mathrm{Eig}(F_{\alpha\beta}^{T^n}, \lambda_\alpha^k) \subseteq \bigoplus_{\substack{l \in \Lambda^*: \\ |l| = |k|}} V_l \oplus \bigoplus_{\substack{l \in \Lambda^*: \\ |l| = \sqrt{\frac{\alpha}{\beta}}|k|}} W_l. \tag{13}$$

Da für alle $l \in \Lambda^*$ wegen (10) gilt, dass

$$V_l \subseteq \mathrm{Eig}(F_{\alpha\beta}^{T^n}, \lambda_\alpha^l) = \mathrm{Eig}(F_{\alpha\beta}^{T^n}, \lambda_\alpha^k),$$

falls $|l| = |k|$ und

$$W_l \subseteq \mathrm{Eig}(F_{\alpha\beta}^{T^n}, \lambda_\beta^l) = \mathrm{Eig}(F_{\alpha\beta}^{T^n}, \lambda_\alpha^k),$$

falls $|l| = \sqrt{\frac{\alpha}{\beta}}|k|$, ist auch

$$\bigoplus_{\substack{l \in \Lambda^*: \\ |l| = |k|}} V_l \oplus \bigoplus_{\substack{l \in \Lambda^*: \\ |l| = \sqrt{\frac{\alpha}{\beta}}|k|}} W_l \subseteq \mathrm{Eig}(F_{\alpha\beta}^{T^n}, \lambda_\alpha^k).$$

Demzufolge haben wir sogar Gleichheit in (13). Analog erhält man, dass

$$\mathrm{Eig}(F_{\alpha\beta}^{T^n}, \lambda_\beta^k) = \bigoplus_{\substack{l \in \Lambda^*: \\ |l| = \sqrt{\frac{\beta}{\alpha}}|k|}} V_l \oplus \bigoplus_{\substack{l \in \Lambda^*: \\ |l| = |k|}} W_l. \qquad \square$$

Bemerkung 3.15.

1. Wir können das Spektrum von $F_{\alpha\beta}^{T^n}$ in Termen von demjenigen von $\Delta_0^{T^n}$ ausdrücken:

$$
\begin{aligned}
\mathrm{Spek}(F_{\alpha\beta}^{T^n}) &= \left(\bigcup_{l\in\Lambda^*} \{\lambda_\alpha^l\}_1 \right) \uplus \left(\bigcup_{l\in\Lambda^*} \{\lambda_\beta^l\}_{n-1} \right) \\
&= \left(\bigcup_{l\in\Lambda^*} \{\lambda_\alpha^l\}_1 \right) \uplus^{n-1} \left(\bigcup_{l\in\Lambda^*} \{\lambda_\beta^l\}_1 \right) \\
&= \alpha \left(\bigcup_{l\in\Lambda^*} \{\lambda_1^l\}_1 \right) \uplus^{n-1} \beta \left(\bigcup_{l\in\Lambda^*} \{\lambda_1^l\}_1 \right) \\
&\stackrel{(9)}{=} \alpha \cdot \mathrm{Spek}(\Delta_0^{T^n}) \uplus^{n-1} \beta \cdot \mathrm{Spek}(\Delta_0^{T^n}).
\end{aligned}
$$

2. Es ist $\mathrm{Eig}(F_{\alpha\beta}^{T^n}, 0) = V_0 \oplus W_0 = \{0\} \oplus \chi_0 0^\perp \stackrel{\chi_0 \equiv 1}{=} \Omega_{\mathrm{const}}^1(T^n)$.

3. Für $k \in \Lambda^*$ gilt:

$$
\begin{aligned}
\mathrm{Eig}(F_{\alpha\alpha}^{T^n}, \lambda_\alpha^k) &= \bigoplus_{\substack{l\in\Lambda^*: \\ |l|=|k|}} (V_l \oplus W_l) = \bigoplus_{\substack{l\in\Lambda^*: \\ |l|=|k|}} \chi_l(\mathbb{R}l + l^\perp) \\
&= \bigoplus_{\substack{l\in\Lambda^*: \\ |l|=|k|}} \chi_l \Omega_{\mathrm{const}}^1(T^n).
\end{aligned}
$$

4. Sei das duale Gitter Λ^* nun rational, d.h., $|l|^2 \in \mathbb{Q}$ für alle $l \in \Lambda^*$. Dann gilt, dass im generischen Fall (d.h., falls z.B. α, β zufällig aus einem endlichen Intervall mit Gleichverteilung gewählt werden) der zweite Summand von (11) und erste Summand von (12) für $k \neq 0$ wegfallen:

$$
\mathrm{Eig}(F_{\alpha\beta}^{T^n}, \lambda_\alpha^k) = \bigoplus_{\substack{l\in\Lambda^*: \\ |l|=|k|}} V_l \quad \text{und} \quad \mathrm{Eig}(F_{\alpha\beta}^{T^n}, \lambda_\beta^k) = \bigoplus_{\substack{l\in\Lambda^*: \\ |l|=|k|}} W_l,
$$

denn dann werden $|l|^2 = \frac{\alpha}{\beta}|k|^2$ und $|l|^2 = \frac{\beta}{\alpha}|k|^2$ für kein $l \in \Lambda^*$ erfüllt. Dies tritt beispielsweise für $\frac{\alpha}{\beta}$ irrational auf. In diesem Fall sind die Eigenwerte λ_α^k und λ_β^l für alle $k, l \in \Lambda^*$ verschieden.

Im nichtgenerischen Fall, dass $\frac{\alpha}{\beta} \in \mathbb{Q}$, kann es dagegen $k, l \in \Lambda^*$ geben, sodass $\lambda_\alpha^k = \lambda_\beta^l$. Somit können hier "gemischte" Eigenräume auftreten.

3.3 Multiplizitäten

Definition 3.16. Sei Λ ein Gitter. Zu $r \in \mathbb{R}_{\geqslant 0}$ setzen wir $A_\Lambda(r) := \#\{l \in \Lambda^* \mid |l| = r\}$.

Wir schreiben im Folgenden statt A_Λ auch einfach A, wenn klar ist, welches Gitter gemeint ist.

Bemerkung 3.17. Im Fall, dass das duale Gitter Λ^* von einer Orthonormalbasis erzeugt wird, ist die Bestimmung von $N(R) := \sum_{r \leqslant R} A(r)$ für $n = 2$ gerade das Gaußsche Kreisproblem ([Har15]).

Wir können die geometrischen Vielfachheiten der Eigenwerte direkt von (11) und (12) ablesen:

Korollar 3.18. *Seien* $\alpha, \beta > 0$ *und* $k \in \Lambda^*$. *Dann gilt:*

$$\dim\big(\mathrm{Eig}(F_{\alpha\beta}^{T^n}, \lambda_\alpha^k)\big) = A(|k|) + (n-1)A\left(\sqrt{\tfrac{\alpha}{\beta}}|k|\right)$$

und

$$\dim\big(\mathrm{Eig}(F_{\alpha\beta}^{T^n}, \lambda_\beta^k)\big) = (n-1)A(|k|) + A\left(\sqrt{\tfrac{\beta}{\alpha}}|k|\right).$$

3.4 Isospektralität

Wir untersuchen im Folgenden, unter welchen Umständen die Operatoren $F_{\alpha\beta}$ für $\alpha, \beta > 0$ auf verschiedenen flachen Tori dasselbe Spektrum haben können.

3.4.1 Eigenschaften von Isometrien

Seien (M, g^M) und (N, g^N) n-dimensionale riemannsche Mannigfaltigkeiten.

Definition 3.19. Ein Diffeomorphismus $I : M \to N$ heißt Isometrie, falls für alle $p \in M$ und alle $X, Y \in T_p M$ gilt, dass

$$g_{I(p)}^N(dI_p(X), dI_p(Y)) = g_p^M(X, Y).$$

Zwei riemannsche Mannigfaltigkeiten heißen isometrisch, falls es eine Isometrie zwischen ihnen gibt.

Lemma 3.20. *Sei* $I : M \to N$ *eine Isometrie. Dann gilt für alle* $\omega, \sigma \in \Omega^1(N)$, *dass*

$$(I^*\omega, I^*\sigma)_{g^M} = (\omega, \sigma)_{g^N}.$$

Beweis. Sei $p \in M$ und $\{e_1, \dots, e_n\}$ eine Orthonormalbasis von T_pM. Da I eine Isometrie ist, ist $\{dI_p(e_i)\}_{i \in \{1,\dots,n\}}$ eine Orthonormalbasis von $T_{I(p)}N$. Daher gilt für alle $\omega, \sigma \in \Omega^1(N)$, dass

$$\langle I^*\omega, I^*\sigma \rangle_p = \langle (I^*\omega)_p, (I^*\sigma)_p \rangle = \sum_{i=1}^{n} (I^*\omega)_p(e_i) \cdot (I^*\sigma)_p(e_i)$$

$$= \sum_{i=1}^{n} \omega_{I(p)}(dI_p(e_i)) \cdot \sigma_{I(p)}(dI_p(e_i)) = \langle \omega, \sigma \rangle_{I(p)}$$

Wegen $I(M) = N$ ist demzufolge

$$(I^*\omega, I^*\sigma)_{g^M} = \int_M \langle I^*\omega, I^*\sigma \rangle_p dp = \int_M \langle \omega, \sigma \rangle_{I(p)} dp$$

$$= \int_N \langle \omega, \sigma \rangle_q dq = (\omega, \sigma)_{g^N},$$

was die Behauptung war. $\qquad\square$

Lemma 3.21. *Sei $I : M \to N$ eine Isometrie. Dann ist $\delta^M \circ I^* = I^* \circ \delta^N$.*

Beweis. Sei $\omega \in \Omega^1(N)$. Dann gilt wegen der Natürlichkeit von d und Lemma 3.20 für alle $f \in \mathcal{C}^\infty(N)$, dass

$$\begin{aligned}
(\delta^M I^*\omega, I^* f)_{g^M} &= (I^*\omega, dI^* f)_{g^M} = (I^*\omega, I^* df)_{g^M} \\
&\overset{3.20}{=} (\omega, df)_{g^N} = (\delta^N \omega, f)_{g^N} \\
&= (I^* \delta^N \omega, I^* f)_{g^M}.
\end{aligned}$$

Folglich ist $\delta^M I^*\omega = I^* \delta^N \omega$. Da $\omega \in \Omega^1(N)$ beliebig war, folgt die Behauptung. $\qquad\square$

3.4.2 Isometrische flache Tori

Um eine Charakterisierung für isometrische flache Tori angeben zu können, bemerken wir zunächst, dass wir für alle $p \in \mathbb{R}^n$ folgende kanonische Isomorphismen haben:

$$\mathrm{kan}_p : T_p\mathbb{R}^n \to \mathbb{R}^n : \dot{c}(0) \mapsto \left. \frac{d}{dt} \right|_{t=0} c(t). \tag{14}$$

Hierbei bezeichnet $\dot{c}(0)$ die Äquivalenzklasse in $T_p\mathbb{R}^n$, die durch $c : (-\epsilon, \epsilon) \to \mathbb{R}^n$ mit $c(0) = p$ induziert wird und $\left. \frac{d}{dt} \right|_{t=0} c(t)$ die gewöhnliche Ableitung im $\mathbb{R}^n$. Wir werden diese Identifikation im Folgenden häufig stillschweigend verwenden.

28

Proposition 3.22. *Seien Λ_1 und Λ_2 zwei Gitter im $\mathbb{R}^n$. Dann sind $\mathbb{R}^n/\Lambda_1$ und $\mathbb{R}^n/\Lambda_2$ genau dann isometrisch, wenn es eine lineare Isometrie $I : \mathbb{R}^n \to \mathbb{R}^n$ mit $I(\Lambda_1) = \Lambda_2$ gibt.*

Beweis. Für $i \in \{1,2\}$ seien $\pi_i : \mathbb{R}^n \to \mathbb{R}^n/\Lambda_i : x \mapsto [x]_{\Lambda_i} =: [x]_i$ die kanonischen Projektionen, $g_{\mathrm{std}} = \pi_i^* g_i$ und $T_i := \mathbb{R}^n/\Lambda_i$.

"$\Rightarrow$": Sei $\tilde{I} : (T_1, g_1) \to (T_2, g_2)$ eine Isometrie. Dann ist für $p, q \in \mathbb{R}^n$ so, dass $\tilde{I}([p]_1) = [q]_2$ die Abbildung

$$I := \mathrm{kan}_q \circ \left((d\pi_2)_q\right)^{-1} \circ d\tilde{I}_{[p]_1} \circ (d\pi_1)_p \circ \mathrm{kan}_p^{-1} : \mathbb{R}^n \to \mathbb{R}^n$$

als Verkettung von linearen Isometrien selbst eine solche. Es bleibt zu zeigen, dass $I(\Lambda_1) = \Lambda_2$.

<u>Schritt 1:</u> Für $v \in \mathbb{R}^n$ gilt, dass $\mathrm{kan}_p^{-1}(v) = \dot{c}(0)$, wobei $c(t) = tv + p$ mit $t \in (-\epsilon, \epsilon)$, $\epsilon > 0$. Da c eine Geodätische im $\mathbb{R}^n$ und π_1 eine lokale Isometrie ist, ist $\pi_1 \circ c$ eine Geodätische in T_1. Damit ist auch $\tilde{I} \circ \pi_1 \circ c$ als Verkettung dieser mit der Isometrie $\tilde{I}$ eine Geodätische in T_2 mit $(\tilde{I} \circ \pi_1 \circ c)(0) = [q]_2$. Für $t \in (-\epsilon, \epsilon)$ ist daher $(\tilde{I} \circ \pi_1 \circ c)(t) = [tw + q]_2$ für ein $w \in \mathbb{R}^n$. Es gilt nun einerseits

$$(\tilde{I} \circ \pi_1 \circ c)'(0) = \left(d\tilde{I}_{[p]_1}(d\pi_1)_p\right)\left(\dot{c}(0)\right) = \left(d\tilde{I}_{[p]_1}(d\pi_1)_p\mathrm{kan}_p^{-1}\right)(v)$$

und andererseits mit $\tilde{c}(t) := tw + q$ für $t \in (-\epsilon, \epsilon)$

$$(\tilde{I} \circ \pi_1 \circ c)'(0) = (\pi_2 \circ \tilde{c})'(0) = (d\pi_2)_q\left(\dot{\tilde{c}}(0)\right) = \left((d\pi_2)_q\mathrm{kan}_q^{-1}\right)(w).$$

Es ergibt sich insgesamt, dass

$$w = \left(\mathrm{kan}_q((d\pi_2)_q)^{-1}d\tilde{I}_{[p]_1}(d\pi_1)_p\mathrm{kan}_p^{-1}\right)(v) = I(v)$$

und daher, dass $(\tilde{I} \circ \pi_1 \circ c)(t) = [t \cdot I(v) + q]_2$ für $t \in (-\epsilon, \epsilon)$.

<u>Schritt 2:</u> Sei nun $\lambda \in \Lambda_1$. Wir betrachten die Kurve

$$c : (-\epsilon, \epsilon) \to \mathbb{R}^n : t \mapsto t\lambda + p.$$

Dann ist $(\pi_1 \circ c)(1) = [\lambda + p]_1 = [p]_1$ und es gilt zusammen mit Schritt 1, dass

$$[q]_2 = \tilde{I}([p]_1) = (\tilde{I} \circ \pi_1 \circ c)(1) = [I(\lambda) + q]_2.$$

Dies impliziert, dass $I(\lambda) \in \Lambda_2$. Wir haben also gezeigt, dass $I(\Lambda_1) \subseteq \Lambda_2$.

<u>Schritt 3:</u> Die Aussage $\Lambda_2 \subseteq I(\Lambda_1)$ ist äquivalent zu $I^{-1}(\Lambda_2) \subseteq \Lambda_1$. Dies zeigt man analog zum obigen Beweis durch Ersetzen von $\tilde{I}$ durch $\tilde{I}^{-1}$.

"$\Leftarrow$": Wir definieren die Abbildung $\tilde{I} : (T_1, g_1) \to (T_2, g_2)$ auf folgende Weise: Für alle $x \in \mathbb{R}^n$ sei

$$\tilde{I}([x]_1) := [I(x)]_2,$$

d.h., $\tilde{I} \circ \pi_1 = \pi_2 \circ I$. $\tilde{I}$ ist wohldefiniert, denn für $[x]_1 = [y]_1 \in T^1$, d.h., $y = x + \lambda$ für ein $\lambda \in \Lambda_1$, ist

$$\tilde{I}([y]_1) = [I(y)]_2 = [I(x + \lambda)]_2 = [I(x) + \underbrace{I(\lambda)}_{\in \Lambda_2}]_2 = [I(x)]_2 = \tilde{I}([x]_1).$$

Auch die Abbildung $\tilde{J} : T_2 \to T_1$ mit

$$\tilde{J}([x]_2) := [I^{-1}(x)]_1$$

für alle $x \in \mathbb{R}^n$ ist wohldefiniert, denn für $[x]_2 = [y]_2 \in T_2$, d.h., $y = x + \lambda$ für ein $\lambda \in \Lambda_2$, ist

$$\tilde{J}([y]_2) = [I^{-1}(y)]_1 = [I^{-1}(x + \lambda)]_1 = [I^{-1}(x) + \underbrace{I^{-1}(\lambda)}_{\in \Lambda_1}]_1$$

$$= [I^{-1}(x)]_1 = \tilde{J}([x]_2).$$

Es gilt weiterhin für alle $x \in \mathbb{R}^n$, dass

$$(\tilde{I} \circ \tilde{J})([x]_2) = \tilde{I}([I^{-1}(x)]_1) = [I(I^{-1}(x))]_2 = [x]_2$$

und

$$(\tilde{J} \circ \tilde{I})([x]_1) = \tilde{J}([I(x)]_2) = [I^{-1}(I(x))]_1 = [x]_1,$$

d.h., $\tilde{I} \circ \tilde{J} = \mathrm{id}_{T_2}$ und $\tilde{J} \circ \tilde{I} = \mathrm{id}_{T_1}$. $\tilde{I}$ ist also bijektiv mit der Umkehrabbildung $\tilde{I}^{-1} = \tilde{J}$.

Sei nun $p \in \mathbb{R}^n$. Da π_1 und π_2 lokale Diffeomorphismen sind, gibt es offene Umgebungen V und V' von p und $I(p)$, sodass (eventuell nach Verkleinerung von V) $\tilde{I}(\pi_1(V)) \subseteq \pi_2(V')$ und $\pi_1|_V : V \to \pi_1(V) =: U \subset T_1$ und $\pi_2|_{V'} : V' \to \pi_2(V') =: U' \subset T_2$ Diffeomorphismen sind. Dann definieren $\varphi_1 := (\pi_1|_V)^{-1} : U \to V$ und $\varphi_2 := (\pi_2|_{V'})^{-1} : U' \to V'$ Karten von T_1 um $[p]_1$ und von T_2 um $[I(p)]_2$. Wegen $\tilde{I}(U) \subseteq U'$ ist die Abbildung $\varphi_2 \circ \tilde{I} \circ \varphi_1^{-1} : V \to V'$ wohldefiniert und es gilt für alle $x \in V$, dass

$$(\varphi_2 \circ \tilde{I} \circ \varphi_1^{-1})(x) = (\varphi_2 \circ \tilde{I})([x]_1) = \varphi_2(\underbrace{[I(x)]_2}_{\in U'}) = I(x)$$

und daher, dass $\varphi_2 \circ \widetilde{I} \circ \varphi_1^{-1} = I\big|_V$ ein Diffeomorphismus ist. Folglich ist $\widetilde{I}$ ein Diffeomorphismus.

Zu $[x]_1 \in T_1$ sei nun $W \subset \mathbb{R}^n$ eine offene Umgebung von $x \in \mathbb{R}^n$ so, dass $\widetilde{\pi}_1 := \pi_1\big|_W$ ein Diffeomorphismus auf $\pi_1(W)$ ist. Damit ist $\widetilde{I}\big|_{\pi_1(W)} = \pi_2 \circ I \circ \widetilde{\pi}_1^{-1}$ und außerdem

$$d\widetilde{I}_{[x]_1} = dI_x \, d\widetilde{\pi}_1{}^{-1}_{[x]_1}.$$

Darum gilt für alle $X, Y \in T_{[x]_1} T_1$, dass

$$(g_2)_{\widetilde{I}([x]_1)}\big(d\widetilde{I}_{[x]_1}(X), d\widetilde{I}_{[x]_1}(Y)\big)$$

$$= (g_2)_{\pi_2(I(x))}\big(dI_x \, d\widetilde{\pi}_1{}^{-1}_{[x]_1}(X), dI_x \, d\widetilde{\pi}_1{}^{-1}_{[x]_1}(Y)\big)$$

$$\overset{g_{\mathrm{std}} = \pi_2^* g_2}{=} (g_{\mathrm{std}})_{I(x)}\big(dI_x \, d\widetilde{\pi}_1{}^{-1}_{[x]_1}(X), dI_x \, d\widetilde{\pi}_1{}^{-1}_{[x]_1}(Y)\big)$$

$$\overset{I \text{ Isometrie}}{=} (g_{\mathrm{std}})_x\big(d\widetilde{\pi}_1{}^{-1}_{[x]_1}(X), d\widetilde{\pi}_1{}^{-1}_{[x]_1}(Y)\big)$$

$$\overset{g_{\mathrm{std}} = \pi_1^* g_1}{=} (g_1)_{\pi_1(x)}\big(d\pi_{1\,x} \, d\widetilde{\pi}_1{}^{-1}_{[x]_1}(X), d\pi_{1\,x} \, d\widetilde{\pi}_1{}^{-1}_{[x]_1}(Y)\big)$$

$$= (g_1)_{[x]_1}\big(\underbrace{d(\pi_1 \circ \widetilde{\pi}_1^{-1})_{[x]_1}}_{=\mathrm{id}_{T_{[x]_1} T_1}}(X), \underbrace{d(\pi_1 \circ \widetilde{\pi}_1^{-1})_{[x]_1}}_{=\mathrm{id}_{T_{[x]_1} T_1}}(Y)\big)$$

$$= (g_1)_{[x]_1}(X, Y).$$

Wir haben also gezeigt, dass $\widetilde{I}$ eine Isometrie ist. $\qquad\square$

Proposition 3.23. *Seien M und N zwei kompakte isometrische riemannsche Mannigfaltigkeiten und $\alpha, \beta > 0$. Dann sind $F_{\alpha\beta}^M$ und $F_{\alpha\beta}^N$ isospektral.*

Beweis. Sei $I : M \to N$ eine Isometrie. Da M und N kompakt sind, bestehen die Spektren von $F_{\alpha\beta}^M$ und $F_{\alpha\beta}^N$ nur aus Eigenwerten. Seien nun $\lambda \in \mathrm{Spek}(F_{\alpha\beta}^N)$ und $\omega \in \mathrm{Eig}(F_{\alpha\beta}^N, \lambda)$, d.h., $F_{\alpha\beta}^N \omega = \lambda\omega$. Wegen der Natürlichkeit von d und Lemma 3.21 gilt, dass

$$F_{\alpha\beta}^M I^*\omega = (\alpha d\delta^M + \beta\delta^M d)I^*\omega = (\alpha I^* d\delta^N + \beta I^*\delta^N d)\omega$$

$$= I^*(\alpha d\delta^N + \beta\delta^N d)\omega = I^* F_{\alpha\beta}^N \omega = \lambda I^*\omega.$$

$I^*\omega$ ist also eine Eigenform von $F_{\alpha\beta}^M$ zum Eigenwert λ. Daher ist $\lambda \in \mathrm{Spek}(F_{\alpha\beta}^M)$ und somit $\mathrm{Spek}(F_{\alpha\beta}^N) \subseteq \mathrm{Spek}(F_{\alpha\beta}^M)$. Analog zeigt man mit $(I^{-1})^*$, dass $\mathrm{Spek}(F_{\alpha\beta}^M) \subseteq \mathrm{Spek}(F_{\alpha\beta}^N)$. Folglich sind $F_{\alpha\beta}^M$ und $F_{\alpha\beta}^N$ isospektral. $\qquad\square$

Satz 3.23 besagt insbesondere, dass zwei isometrische flache Tori bzgl. $F_{\alpha\beta}$ dasselbe Spektrum haben. Nun drängt sich die Frage auf, ob auch die Umkehrung dieser Aussage gilt, d.h., ob das Spektrum von $F_{\alpha\beta}^{T^n}$ den flachen Torus T^n schon bis auf Isometrie bestimmt.

Im Fall $n = 1$ lautet die Antwort "ja", denn dann sind die Gitter von der Gestalt $r\mathbb{Z}$ für $r \in \mathbb{R}\backslash\{0\}$ und das Spektrum zum zugehörigen flachen Torus $\mathbb{R}/r\mathbb{Z}$, welcher in diesem Fall isomorph zur eindimensionalen Sphäre $S^1_{\frac{r}{2\pi}}$ mit Radius $\frac{r}{2\pi}$ ist, sieht wie folgt aus:

$$\mathrm{Spek}(F_{\alpha\beta}^{\mathbb{R}/r\mathbb{Z}}) = \bigcup_{l\in\frac{1}{r}\mathbb{Z}}\{4\pi^2\alpha l^2\}_1 = \bigcup_{l\in\mathbb{Z}}\left\{4\pi^2\alpha\frac{l^2}{r^2}\right\}_1.$$

Falls also $\mathbb{R}/r\mathbb{Z}$ und $\mathbb{R}/r'\mathbb{Z}$ für $r, r' \in \mathbb{R}\backslash\{0\}$ dasselbe Spektrum haben, ist $r = \pm r'$, d.h. die beiden Tori sind identisch, also trivialerweise isometrisch.

Um obige Frage für weitere Dimensionen n beantworten zu können, zeigen wir zunächst das folgende nützliche Lemma 3.25.

Definition 3.24. Es sei

$$\mathcal{M} := \{M \subseteq \mathbb{R} \mid M \text{ ist diskret, nach unten beschränkt und gewichtet}\}.$$

Lemma 3.25. *Seien $\alpha, \beta > 0$, $m \in \mathbb{N}$ und $A, B \in \mathcal{M}$ mit $\alpha A \uplus^m \beta A = \alpha B \uplus^m \beta B$. Dann gilt: $A = B$.*

Beweis. Sei zunächst $\alpha \leqslant \beta$. Wir betrachten die Abbildung

$$f_{\alpha\beta} : \mathcal{M} \to \mathcal{M} : C \mapsto \alpha C \uplus^m \beta C.$$

und zeigen, dass diese injektiv ist, d.h., wir zeigen, dass zu $M \in f_{\alpha\beta}(\mathcal{M}) \subseteq \mathcal{M}$ ein eindeutiges $C \in \mathcal{M}$ existiert, sodass $M = \alpha C \uplus^m \beta C$. Dies sieht man an folgender Rekonstruktion:

Wir definieren $M_0 := M$ und für jedes $k \in \mathbb{N}_0$ iterativ $\lambda_k := \frac{1}{\alpha}\min(M_k)$ und $M_{k+1} := M_k\backslash\{(\alpha\lambda_k, 1), (\beta\lambda_k, m)\}$. (Die Minima existieren, da die Mengen M_k als Teilmengen von M nach unten beschränkt und diskret sind.) Dann gilt für $C := \uplus_{i\in\mathbb{N}_0}\{\lambda_i\}_1$, dass $M = \alpha C \uplus^m \beta C$. Nach Konstruktion ist C eindeutig und $f_{\alpha\beta}$ somit injektiv.

Da nun aber $\alpha A \uplus^m \beta A = \alpha B \uplus^m \beta B$, folgt, dass

$$A = f_{\alpha\beta}^{-1}(\alpha A \uplus^m \beta A) = f_{\alpha\beta}^{-1}(\alpha B \uplus^m \beta B) = B.$$

Den Fall $\alpha > \beta$ zeigt man analog, indem man im obigen Beweis $\lambda_k := \frac{1}{\beta}\min(M_k)$ setzt. $\qquad\square$

Bemerkung 3.26. Ohne das Konzept der gewichteten Menge und Vereinigung kann mit der Methode aus dem Beweis eine gewöhnliche Menge C nur aus der Menge $\alpha C \cup \beta C$ rekonstruiert werden, falls $\alpha C \cap \beta C = \varnothing$.

Theorem 3.27. *Seien Λ_1 und Λ_2 zwei Gitter im $\mathbb{R}^n$ und $\alpha, \beta > 0$. Dann gilt:*
$F_{\alpha\beta}^{\mathbb{R}^n/\Lambda_1}$ *und* $F_{\alpha\beta}^{\mathbb{R}^n/\Lambda_2}$ *sind genau dann isospektral, wenn* $\Delta_0^{\mathbb{R}^n/\Lambda_1}$ *und* $\Delta_0^{\mathbb{R}^n/\Lambda_2}$ *isospektral sind.*

Beweis. "$\Rightarrow$": Für $i = 1, 2$ haben wir in (9) gesehen, dass auf Funktionen

$$\mathrm{Spek}(\Delta_0^{\mathbb{R}^n/\Lambda_i}) = \biguplus_{l \in \Lambda_i^*} \{\lambda_1^l\}_1.$$

Die Eigenwerte sind nichtnegativ und die Spektren daher nach unten beschränkte gewichtete Teilmengen von $\mathbb{R}$, die wegen $\Lambda_i^* \cong \mathbb{Z}^n$, diskret sind. Des Weiteren gilt mit Bemerkung 3.15 und nach Voraussetzung, dass

$$\alpha\mathrm{Spek}(\Delta_0^{\mathbb{R}^n/\Lambda_1}) \uplus^{n-1} \beta\mathrm{Spek}(\Delta_0^{\mathbb{R}^n/\Lambda_1}) = \mathrm{Spek}(F_{\alpha\beta}^{\mathbb{R}^n/\Lambda_1})$$
$$= \mathrm{Spek}(F_{\alpha\beta}^{\mathbb{R}^n/\Lambda_2}) = \alpha\mathrm{Spek}(\Delta_0^{\mathbb{R}^n/\Lambda_2}) \uplus^{n-1} \beta\mathrm{Spek}(\Delta_0^{\mathbb{R}^n/\Lambda_2}).$$

Das Lemma 3.25 liefert somit, dass

$$\mathrm{Spek}(\Delta_0^{\mathbb{R}^n/\Lambda_1}) = \mathrm{Spek}(\Delta_0^{\mathbb{R}^n/\Lambda_2}).$$

"$\Leftarrow$": Falls $\Delta_0^{\mathbb{R}^n/\Lambda_1}$ und $\Delta_0^{\mathbb{R}^n/\Lambda_2}$ isospektral sind, folgt sofort, dass

$$\mathrm{Spek}(F_{\alpha\beta}^{\mathbb{R}^n/\Lambda_1}) = \alpha\mathrm{Spek}(\Delta_0^{\mathbb{R}^n/\Lambda_1}) \uplus^{n-1} \beta\mathrm{Spek}(\Delta_0^{\mathbb{R}^n/\Lambda_1})$$
$$= \alpha\mathrm{Spek}(\Delta_0^{\mathbb{R}^n/\Lambda_2}) \uplus^{n-1} \beta\mathrm{Spek}(\Delta_0^{\mathbb{R}^n/\Lambda_2})$$
$$= \mathrm{Spek}(F_{\alpha\beta}^{\mathbb{R}^n/\Lambda_2}). \qquad \square$$

Mit Theorem 3.27 können wir jetzt auch eine Antwort auf die oben gestellte Frage für die Dimensionen $n = 2$ und $n \geqslant 4$ geben, da bereits bekannt ist, dass die folgenden Resultate für Laplace-Operatoren auf Funktionen gelten.

Proposition 3.28. *Seien Λ_1 und Λ_2 zwei Gitter im $\mathbb{R}^2$. Dann gilt:*
Sind $F_{\alpha\beta}^{\mathbb{R}^2/\Lambda_1}$ und $F_{\alpha\beta}^{\mathbb{R}^2/\Lambda_2}$ isospektral, so sind die flachen Tori $\mathbb{R}^2/\Lambda_1$ und $\mathbb{R}^2/\Lambda_2$ isometrisch.

Beweis. Da $F_{\alpha\beta}^{\mathbb{R}^2/\Lambda_1}$ und $F_{\alpha\beta}^{\mathbb{R}^2/\Lambda_2}$ isospektral sind, gilt dies nach Theorem 3.27 auch für $\Delta_0^{\mathbb{R}^2/\Lambda_1}$ und $\Delta_0^{\mathbb{R}^2/\Lambda_2}$. Die Behauptung folgt dann aus [BGM71, Proposition B.II.5]. $\qquad \square$

Proposition 3.29. *Sei $n \geqslant 4$. Dann gibt es zwei Gitter Λ_1 und Λ_2 im $\mathbb{R}^n$, sodass $F_{\alpha\beta}^{\mathbb{R}^n/\Lambda_1}$ und $F_{\alpha\beta}^{\mathbb{R}^n/\Lambda_2}$ isospektral, aber die flachen Tori $\mathbb{R}^n/\Lambda_1$ und $\mathbb{R}^n/\Lambda_2$ nicht isometrisch sind.*

Beweis. In der Arbeit von J. H. Conway und N. J. A. Sloane ([CS92]) wird für die Dimension $n = 4$ gezeigt, dass es Gitter Λ_1 und Λ_2 im $\mathbb{R}^n$ gibt, sodass $\Delta_0^{\mathbb{R}^n/\Lambda_1}$ und $\Delta_0^{\mathbb{R}^n/\Lambda_2}$ isospektral sind, aber $\mathbb{R}^n/\Lambda_1$ und $\mathbb{R}^n/\Lambda_2$ nicht isometrisch. Wegen [BGM71, Proposition B.III.1] gibt es daher solche in jeder Dimension $n \geqslant 4$. Theorem 3.27 liefert die Behauptung. $\qquad\square$

Bemerkung 3.30. Für die Dimension $n = 3$ scheint diese Frage noch ungeklärt zu sein.

3.4.3 Variation der Parameter

Wir haben also für zwei flache Tori T_1 und T_2 und $\alpha, \beta > 0$ gezeigt, dass, falls $F_{\alpha\beta}^{T_1}$ und $F_{\alpha\beta}^{T_2}$ isospektral sind, so sind T_1 und T_2 in den Dimensionen 1 und 2 isometrisch und ab Dimension 4 gibt es Fälle, in denen sie nicht isometrisch sind. Wir untersuchen nun den Fall, dass für $(\alpha, \beta) \neq (\alpha', \beta')$ und $n \neq 2$ bzw. $\{\alpha, \beta\} \neq \{\alpha', \beta'\}$ und $n = 2$ (siehe Bemerkung 3.31), wobei auch $\alpha', \beta' > 0$, $F_{\alpha\beta}^{T_1}$ und $F_{\alpha'\beta'}^{T_2}$ isospektral sind.

Bemerkung 3.31. Wir haben bereits in Satz 2.17 gesehen, dass für zweidimensionale flache Tori T^2 das Spektrum von $F_{\alpha\beta}^{T^2}$ symmetrisch in α und β ist:

$$\mathrm{Spek}(F_{\alpha\beta}^{T^2}) = \alpha\mathrm{Spek}(\Delta_0^{T^2}) \uplus \beta\mathrm{Spek}(\Delta_0^{T^2}) = \mathrm{Spek}(F_{\beta\alpha}^{T^2}).$$

Proposition 3.32. *Sei $n \neq 2$, T^n ein flacher Torus und seien $\alpha, \alpha', \beta, \beta' > 0$. Dann sind $F_{\alpha\beta}^{T^n}$ und $F_{\alpha'\beta'}^{T^n}$ genau dann isospektral, wenn $(\alpha, \beta) = (\alpha', \beta')$. Für $n = 2$ gilt die Aussage mit $\{\alpha, \beta\} = \{\alpha', \beta'\}$ anstelle von $(\alpha, \beta) = (\alpha', \beta')$.*

Beweis. "$\Rightarrow$": Sei Λ das Gitter im $\mathbb{R}^n$ mit $T^n := \mathbb{R}^n/\Lambda$ und $A := \mathrm{Spek}(\Delta_0^{T^n})$. Sei zunächst $n \neq 2$. Wir betrachten die Abbildung

$$f_A : (0, \infty) \times (0, \infty) \to \mathcal{M}$$

$$(\gamma, \delta) \mapsto \gamma A \uplus^{n-1} \delta A = \mathrm{Spek}(F_{\gamma\delta}^{T^n})$$

und zeigen, dass diese injektiv ist. Zu M aus dem Bild von f_A erhalten wir ein eindeutiges Urbild unter f_A wie folgt:

Sei $\widetilde{M} := M\backslash\{(0,n)\}$. Da 0 die Multiplizität n hat, ist $\widetilde{m} := \min(\widetilde{M}) > 0$. Wir wählen nun $k \in \Lambda^*$ so, dass

$$|k| = \min_{l \in \Lambda^*\backslash\{0\}} |l|.$$

Dann ist λ_1^k das kleinste positive Element von A, $A(|k|) \neq 0$ und es ist $A(r) = 0$ für alle $0 < r < |k|$. Daher ist wegen Korollar 3.18 die Multiplizität $\mathrm{mult}(\widetilde{m})$ von $\widetilde{m}$ entweder $A(|k|)$, $(n-1)A(|k|)$ oder $nA(|k|)$.

- Im Fall, dass $\mathrm{mult}(\widetilde{m}) = A(|k|)$, setzen wir $\gamma := \frac{\widetilde{m}}{\lambda_1^k}$. Seien nun $M' := M\backslash\gamma A$ und $\widetilde{M}' := M'\backslash\{(0, n-1)\}$. Dann ist $\widetilde{m}' := \min\widetilde{M}' > 0$ und wir setzen $\delta := \frac{\widetilde{m}'}{\lambda_1^k}$.

- Falls $\mathrm{mult}(\widetilde{m}) = (n-1)A(|k|)$, so setzen wir $\delta := \frac{\widetilde{m}}{\lambda_1^k}$. Seien nun $M' := M\backslash \uplus_{i=1}^{n-1}\delta A$ und $\widetilde{M}' := M'\backslash\{(0,1)\}$, so ist $\widetilde{m}' := \min(\widetilde{M}') > 0$ und wir setzen $\gamma := \frac{\widetilde{m}'}{\lambda_1^k}$.

- Im letzten Fall, dass $\mathrm{mult}(\widetilde{m}) = nA(|k|)$, setzen wir $\gamma := \delta := \frac{\widetilde{m}}{\lambda_1^k}$.

In jedem Fall ist $M = \gamma A \uplus^{n-1} \delta A$. γ und δ sind dabei nach Konstruktion eindeutig und f_A folglich injektiv.
Da nach Voraussetzung $f_A(\alpha, \beta) = \mathrm{Spek}(F_{\alpha\beta}^{T^n}) = \mathrm{Spek}(F_{\alpha'\beta'}^{T^n}) = f_A(\alpha', \beta')$, gilt demzufolge, dass $(\alpha, \beta) = (\alpha', \beta')$.

Sei nun $n = 2$. Wir zeigen, dass die Abbildung

$$\widetilde{f}_A : \{C \subset (0, \infty) \mid \#C \in \{1, 2\}\} \to \mathcal{M}$$
$$\{\gamma, \delta\} \mapsto \gamma A \uplus \delta A = \mathrm{Spek}(F_{\gamma\delta}^{T^2})$$

injektiv ist. Sei dazu M aus dem Bild von f_A und $\widetilde{m} > 0$ und $k \in \Lambda^*$ wie oben. Wir setzen $\gamma := \frac{\widetilde{m}}{\lambda_1^k}$. Seien nun $M' := M\backslash\gamma A$ und $\widetilde{M}' := M'\backslash\{(0,1)\}$, so ist $\widetilde{m}' := \min(\widetilde{M}') > 0$ und wir definieren $\delta := \frac{\widetilde{m}'}{\lambda_1^k}$. Dann ist $M = \gamma A \uplus \delta A$, wobei $\{\gamma, \delta\}$ nach Konstruktion eindeutig ist. Daher ist $\widetilde{f}_A$ injektiv. Wir erhalten somit wegen $\widetilde{f}_A(\{\alpha, \beta\}) = \mathrm{Spek}(F_{\alpha\beta}^{T^2}) = \mathrm{Spek}(F_{\alpha'\beta'}^{T^2}) = \widetilde{f}_A(\{\alpha', \beta'\})$, dass $\{\alpha, \beta\} = \{\alpha', \beta'\}$.

"$\Leftarrow$": Die Rückrichtungen sind trivial. $\qquad\qquad\square$

Korollar 3.33. *Seien $n \neq 2$, T_1 und T_2 zwei flache n-dimensionale Tori und $\alpha, \alpha', \beta, \beta' > 0$ mit $(\alpha, \beta) \neq (\alpha', \beta')$. Dann gilt: Sind $F_{\alpha\beta}^{T_1}$ und $F_{\alpha'\beta'}^{T_2}$*

isospektral, so sind T_1 und T_2 nicht isometrisch.

Für $n = 2$ gilt die Aussage, wenn $\{\alpha, \beta\} \neq \{\alpha', \beta'\}$ anstelle von $(\alpha, \beta) \neq (\alpha', \beta')$ vorausgesetzt wird.

Beweis. Wir setzen $A := \mathrm{Spek}(\Delta_0^{T_1})$ und $B := \mathrm{Spek}(\Delta_0^{T_2})$. Wären T_1 und T_2 isometrisch, so würde wegen Satz 3.23 und Theorem 3.27 gelten, dass $A = B$ und somit nach Voraussetzung, dass $\alpha A \uplus^{n-1} \beta A = \mathrm{Spek}(F_{\alpha\beta}^{T_1}) = \mathrm{Spek}(F_{\alpha'\beta'}^{T_2}) = \alpha' B \uplus^{n-1} \beta' B = \alpha' A \uplus^{n-1} \beta' A$, d.h., $F_{\alpha\beta}^{T_1}$ und $F_{\alpha'\beta'}^{T_1}$ sind isospektral. Mit Satz 3.32 hätten wir dann aber, dass $(\alpha, \beta) = (\alpha', \beta')$ im Widerspruch zur Voraussetzung. T_1 und T_2 sind also nicht isometrisch. $\square$

Der nächste Satz zeigt, dass es $\alpha, \alpha', \beta, \beta' > 0$ und Gitter Λ, Λ' im $\mathbb{R}^n$ gibt, sodass $F_{\alpha\beta}^{\mathbb{R}^n/\Lambda}$ und $F_{\alpha'\beta'}^{\mathbb{R}^n/\Lambda'}$ isospektral sind.

Proposition 3.34. *Seien Λ ein Gitter im $\mathbb{R}^n$, $c \in \mathbb{R}^*$ und $\alpha, \alpha', \beta, \beta' > 0$. Dann gilt für $n \neq 2$:*
$F_{\alpha\beta}^{\mathbb{R}^n/\Lambda}$ und $F_{\alpha'\beta'}^{\mathbb{R}^n/c\Lambda}$ sind genau dann isospektral, wenn $(\alpha', \beta') = (c^2\alpha, c^2\beta)$. Für $n = 2$ gilt die Aussage mit $\{\alpha', \beta'\} = \{c^2\alpha, c^2\beta\}$ anstelle von $(\alpha', \beta') = (c^2\alpha, c^2\beta)$.

Beweis. Sei $\{b_1, \ldots, b_n\}$ eine Basis von $\mathbb{R}^n$ mit $\Lambda = \mathbb{Z}b_1 + \cdots + \mathbb{Z}b_n$ und $\{b^1, \ldots, b^n\}$ die duale Basis. Dann ist wegen $c \neq 0$ auch $\{cb_1, \ldots, cb_n\}$ eine Basis von $\mathbb{R}^n$ und $\{\frac{1}{c}b^1, \ldots, \frac{1}{c}b^n\}$, wegen $\frac{1}{c}b^i(cb_j) = b^i(b_j) = \delta_j^i$ für alle $i, j \in \{1, \ldots, n\}$, die zugehörige duale Basis. Deshalb ist

$$(c\Lambda)^* = (\mathbb{Z}cb_1 + \cdots + \mathbb{Z}cb_n)^* = \mathbb{Z}\frac{1}{c}b^1 + \cdots + \mathbb{Z}\frac{1}{c}b^n = \frac{1}{c}\Lambda^*.$$

Damit gilt für das Spektrum von $F_{\alpha'\beta'}^{\mathbb{R}^n/c\Lambda}$:

$$\mathrm{Spek}\left(F_{\alpha'\beta'}^{\mathbb{R}^n/c\Lambda}\right) = \alpha'\left(\underset{l \in \frac{1}{c}\Lambda^*}{\uplus}\{4\pi^2|l|^2\}_1\right) \uplus^{n-1} \beta'\left(\underset{l \in \frac{1}{c}\Lambda^*}{\uplus}\{4\pi^2|l|^2\}_1\right)$$

$$= \frac{\alpha'}{c^2}\left(\underset{l \in \Lambda^*}{\uplus}\{4\pi^2|l|^2\}_1\right) \uplus^{n-1} \frac{\beta'}{c^2}\left(\underset{l \in \Lambda^*}{\uplus}\{4\pi^2|l|^2\}_1\right)$$

$$= \mathrm{Spek}\left(F_{\frac{\alpha'}{c^2}\frac{\beta'}{c^2}}^{\mathbb{R}^n/\Lambda}\right).$$

Wegen Satz 3.32 sind daher $F_{\alpha\beta}^{\mathbb{R}^n/\Lambda}$ und $F_{\alpha'\beta'}^{\mathbb{R}^n/c\Lambda}$ in Dimension $n \neq 2$ genau dann isospektral, wenn $(\alpha', \beta') = (c^2\alpha, c^2\beta)$ und in Dimension $n = 2$ genau dann, wenn $\{\alpha', \beta'\} = \{c^2\alpha, c^2\beta\}$. $\square$

4 Spektrum auf Sphären

Wir betrachten als nächstes für $n \in \mathbb{N}$ die n-dimensionale Einheitssphäre $(S^n, g) \subset (\mathbb{R}^{n+1}, g_{\mathrm{std}})$. Diese sei mittels der kanonischen Inklusion $\iota : S^n \to \mathbb{R}^{n+1}$ eingebettet in den $\mathbb{R}^{n+1}$ und ausgestattet mit der Metrik $g := \iota^* g_{\mathrm{std}}$, die von der Standardmetrik $g_{\mathrm{std}}(\cdot, \cdot) := \langle \cdot, \cdot \rangle$ auf $\mathbb{R}^{n+1}$ durch Rücktransport induziert wird. Hierbei ist $g := \iota^* g_{\mathrm{std}}$ durch

$$g_p(X, Y) = (g_{\mathrm{std}})_{\iota(p)}\big(d\iota_p(X), d\iota_p(Y)\big)$$

für alle $p \in S^n$ und $X, Y \in T_p S^n$ definiert.

4.1 Vorbetrachtungen

Notation 4.1. Für Vektorfelder $X \in \Gamma(T\mathbb{R}^{n+1})$ auf $\mathbb{R}^{n+1}$ bezeichnen wir mit $\widetilde{X} := X\big|_{S^n}$ die Einschränkung von X auf S^n. Weiter sei von nun an ∇ der Levi-Civita-Zusammenhang auf $\mathbb{R}^{n+1}$ und $\widetilde{\nabla}$ derjenige auf S^n. Das nach außen gerichtete Normalenvektorfeld nennen wir

$$\nu : \mathbb{R}^{n+1} \backslash \{0\} \to T\mathbb{R}^{n+1} : p \mapsto \frac{p}{\|p\|}.$$

Für allgemeine $X \in \Gamma(T\mathbb{R}^{n+1})$ ist nicht notwendig $\widetilde{X} \in \Gamma(TS^n)$. Dies ist genau dann der Fall, wenn X tangential an S^n ist.

Definition 4.2. Ein Vektorfeld $X \in \Gamma(T\mathbb{R}^{n+1})$ heißt tangential an S^n, falls für alle $p \in S^n$ gilt, dass $X_p \in T_p S^n$.

Bemerkung 4.3. Unter der Identifikation $T_p\mathbb{R}^{n+1} \cong \mathbb{R}^{n+1}$ für alle $p \in \mathbb{R}^{n+1}$ (siehe (14)) wird $T_q S^n \subseteq T_q \mathbb{R}^{n+1}$ für alle $q \in S^n$ auf die Menge

$$\{X \in \mathbb{R}^{n+1} \mid \langle X, q \rangle = 0\} \cong T_q S^n$$

abgebildet. (Wir bemerken, dass für jede Kurve $c : (-\epsilon, \epsilon) \to S^n$, $\epsilon > 0$, mit $c(0) = q$ gilt, dass $\|c(t)\|^2 = 1$ für alle $t \in (-\epsilon, \epsilon)$. Differenzieren liefert $2\langle \frac{d}{dt} c(t), c(t) \rangle = 0$ für alle $t \in (-\epsilon, \epsilon)$ und somit insbesondere für $t = 0$, dass $\langle \frac{d}{dt}\big|_{t=0} c(t), q \rangle = 0$.)

Lemma 4.4. *Für alle* $X \in \Gamma(T\mathbb{R}^{n+1})$ *gilt:*

$$\nabla_X \nu = \frac{1}{r}\big(X - \langle X, \nu \rangle \nu\big),$$

wobei $r : \mathbb{R}^{n+1} \to \mathbb{R}_{\geq 0}$ *durch* $x \mapsto r(x) := \|x\|$ *definiert ist.*

Beweis. Sei $p \in \mathbb{R}^{n+1}$. Dann gilt für alle $i, j \in \{1, \dots, n+1\}$, dass

$$\frac{\partial \nu_i}{\partial p_j}(p) = \frac{\partial}{\partial p_j} \frac{p_i}{\|p\|} = \frac{\delta_{ij}}{\|p\|} + p_i \underbrace{\frac{\partial}{\partial p_j} \frac{1}{\|p\|}}_{= -\frac{p_j}{\|p\|^3}} = \frac{\delta_{ij}}{\|p\|} - \frac{p_i p_j}{\|p\|^3}.$$

Daher ist

$$
\begin{aligned}
\nabla_X \nu\big|_p &= D\nu\big|_p X_p \\
&= \left(\frac{\partial \nu_i}{\partial x_j}(p) \right)_{i,j \in \{1,\dots,n+1\}} \cdot X_p \\
&= \left(\frac{1}{\|p\|} \mathbb{1}_{n+1} - \left(\frac{p_i p_j}{\|p\|^3} \right)_{i,j \in \{1,\dots,n+1\}} \right) X_p \\
&= \frac{1}{\|p\|} X_p - \begin{pmatrix} \sum_{i=1}^{n+1} \frac{p_1 p_i}{\|p\|^3}(X_p)_i \\ \vdots \\ \sum_{i=1}^{n+1} \frac{p_{n+1} p_i}{\|p\|^3}(X_p)_i \end{pmatrix} \\
&= \frac{1}{\|p\|} X_p - \frac{\langle p, X_p \rangle}{\|p\|^3} p \\
&= \frac{1}{r(p)} \left(X_p - \langle \frac{p}{\|p\|}, X_p \rangle \frac{p}{\|p\|} \right) \\
&= \frac{1}{r(p)} \left(X_p - \langle \nu(p), X_p \rangle \nu(p) \right).
\end{aligned}
$$

$\square$

Wir zeigen nun, wie die Zusammenhänge ∇ und $\tilde\nabla$ miteinander in Verbindung stehen:

Lemma 4.5. *Seien $X, Y \in \Gamma(T\mathbb{R}^{n+1})$ tangential an S^n. Dann gilt:*

$$\widetilde{\nabla_X Y} = \tilde\nabla_{\tilde X} \tilde Y - \langle \tilde X, \tilde Y \rangle \tilde\nu.$$

Beweis. Da Y tangential an S^n ist, gilt $\langle Y, \nu \rangle\big|_{S^n} = \langle \tilde Y, \tilde\nu \rangle = 0$. Demzufolge ist

$$0 = \partial_X \langle Y, \nu \rangle\big|_{S^n} = \langle \nabla_X Y, \nu \rangle\big|_{S^n} + \langle Y, \nabla_X \nu \rangle\big|_{S^n}.$$

Wir haben somit, dass

$$
\begin{aligned}
\widetilde{\nabla_X Y} &= \tilde{\nabla}_{\tilde{X}}\tilde{Y} + \operatorname{nor}(\widetilde{\nabla_X Y}) \\
&= \tilde{\nabla}_{\tilde{X}}\tilde{Y} + \langle \widetilde{\nabla_X Y}, \tilde{\nu}\rangle\tilde{\nu} \\
&= \tilde{\nabla}_{\tilde{X}}\tilde{Y} - \langle \tilde{Y}, \underbrace{\widetilde{\nabla_X \nu}}_{\overset{4.4}{=}\tilde{X}-\langle\tilde{X},\tilde{\nu}\rangle\tilde{\nu}}\rangle\tilde{\nu} \\
&= \tilde{\nabla}_{\tilde{X}}\tilde{Y} - \langle \tilde{Y}, \tilde{X}\rangle\tilde{\nu} + \underbrace{\langle \tilde{X}, \tilde{\nu}\rangle}_{=0}\underbrace{\langle \tilde{Y}, \tilde{\nu}\rangle}_{=0}\tilde{\nu} \\
&= \tilde{\nabla}_{\tilde{X}}\tilde{Y} - \langle \tilde{Y}, \tilde{X}\rangle\tilde{\nu}. \qquad\qquad\square
\end{aligned}
$$

Bemerkung 4.6. Für alle $X, Y \in \Gamma(T\mathbb{R}^{n+1})$, die tangential an S^n sind, und alle $\omega \in \Omega^1(\mathbb{R}^{n+1})$ und $\eta \in \Omega^2(\mathbb{R}^{n+1})$ gilt:

$$
\begin{aligned}
\iota^*(\omega(X)) &= (\iota^*\omega)(\tilde{X}) \\
\iota^*(\eta(X,Y)) &= (\iota^*\eta)(\tilde{X},\tilde{Y}),
\end{aligned}
$$

denn $d\iota(\tilde{X}) = \tilde{X}$.

Wir haben in Bemerkung 2.3 gesehen, dass die äußere Ableitung d natürlich ist, d.h., dass sie mit dem Rücktransport entlang differenzierbarer Abbildungen vertauscht. Dies ist für das Kodifferential δ an Stelle von d im Allgemeinen nicht richtig. Im folgenden Lemma untersuchen wir, auf welche Weise δ auf Eins- und Zweiformen mit dem Rücktransport $\iota^* : \Omega^i(\mathbb{R}^{n+1}) \to \Omega^i(S^n)$ $(i \in \{1,2\})$ vertauscht.

Lemma 4.7. *Seien* $\omega \in \Omega^1(\mathbb{R}^{n+1})$ *und* $\eta \in \Omega^2(\mathbb{R}^{n+1})$. *Dann gilt:*

$$
\iota^*\delta^{\mathbb{R}^{n+1}}\omega = \delta^{S^n}\iota^*\omega - \iota^*\big(n\omega(\nu) + (\nabla_\nu\omega)(\nu)\big) \qquad\qquad und
$$

$$
\iota^*\delta^{\mathbb{R}^{n+1}}\eta = \delta^{S^n}\iota^*\eta - \iota^*\big((n-1)\eta(\nu,\cdot) + (\nabla_\nu\eta)(\nu,\cdot)\big).
$$

Beweis. Seien X, Y, Z Vektorfelder auf $\mathbb{R}^{n+1}$, die tangential an S^n sind. Dann gilt wegen der Natürlichkeit von d, Bemerkung 4.6 und Lemma 4.5 auf S^n:

$$
\begin{aligned}
(\iota^*\nabla_X\omega)(\tilde{Y}) &= \iota^*\big((\nabla_X\omega)(Y)\big) \\
&= \iota^*\big(\partial_X(\omega(Y)) - \omega(\nabla_X Y)\big) \\
&= \iota^*\big(\partial_X(\omega(Y)) - \omega(\tilde{\nabla}_{\tilde{X}}\tilde{Y}) + \langle X,Y\rangle\omega(\nu)\big) \\
&= \partial_{\tilde{X}}\big((\iota^*\omega)(\tilde{Y})\big) - (\iota^*\omega)(\tilde{\nabla}_{\tilde{X}}\tilde{Y}) + \iota^*\big(\omega(\nu)X^\flat(Y)\big) \\
&= (\tilde{\nabla}_{\tilde{X}}\iota^*\omega)(\tilde{Y}) + \iota^*\big(\omega(\nu)X^\flat\big)(\tilde{Y}),
\end{aligned}
$$

d.h.,

$$\iota^* \nabla_X \omega = \tilde{\nabla}_{\widetilde{X}} \iota^* \omega + \iota^* \big(\omega(\nu) X^\flat \big).$$

Sei $U \subseteq S^n$ offen und $\{\tilde{e}_1, \ldots, \tilde{e}_n\} \subset \Gamma(U, TS^n)$ eine lokale Orthonormalbasis von TS^n. Wir setzen $V := \{q \in \mathbb{R}^{n+1} \mid \frac{q}{\|q\|} \in U\}$. Für $i \in \{1, \ldots, n\}$ sei $e_i \in \Gamma(V, T\mathbb{R}^{n+1})$ die radial konstante Fortsetzung von $\tilde{e}_i$ auf $V \subset \mathbb{R}^{n+1}$, d.h., definiert via $e_i(q) := \tilde{e}_i(\frac{q}{\|q\|})$ für $q \in V$. Dann ist $\{e_1, \ldots, e_n, \nu\}$ eine lokale Orthonormalbasis von $T\mathbb{R}^{n+1}$.

Mit obiger Rechnung folgt nun, dass

$$
\begin{aligned}
\iota^* \delta^{\mathbb{R}^{n+1}} \omega &= -\iota^* \Big(\sum_{i=1}^{n+1} (\nabla_{e_i} \omega)(e_i) \Big) \\
&= -\iota^* \Big(\sum_{i=1}^{n} (\nabla_{e_i} \omega)(e_i) \Big) - \iota^* \big((\nabla_\nu \omega)(\nu) \big) \\
&= -\sum_{i=1}^{n} (\iota^* \nabla_{e_i} \omega)(\tilde{e}_i) - \iota^* \big((\nabla_\nu \omega)(\nu) \big) \\
&= -\sum_{i=1}^{n} (\tilde{\nabla}_{\tilde{e}_i} \iota^* \omega)(\tilde{e}_i) - \sum_{i=1}^{n} \big(\iota^*(\omega(\nu) e^i) \big)(\tilde{e}_i) - \iota^* \big((\nabla_\nu \omega)(\nu) \big) \\
&= \delta^{S^n} \iota^* \omega - \sum_{i=1}^{n} \iota^* \big(\omega(\nu) \underbrace{e^i(e_i)}_{=1} \big) - \iota^* \big((\nabla_\nu \omega)(\nu) \big) \\
&= \delta^{S^n} \iota^* \omega - n \iota^* (\omega(\nu)) - \iota^* \big((\nabla_\nu \omega)(\nu) \big) \\
&= \delta^{S^n} \iota^* \omega - \iota^* \big(n\omega(\nu) + (\nabla_\nu \omega)(\nu) \big).
\end{aligned}
$$

Die zweite Gleichung zeigen wir analog. Zunächst einmal gilt auf S^n:

$$
\begin{aligned}
(\iota^* \nabla_X \eta)(\widetilde{Y}, \widetilde{Z}) &= \iota^* \big((\nabla_X \eta)(Y, Z) \big) \\
&= \iota^* \big(\partial_X (\eta(Y, Z)) - \eta(\nabla_X Y, Z) - \eta(Y, \nabla_X Z) \big) \\
&= \partial_{\widetilde{X}} \big((\iota^* \eta)(\widetilde{Y}, \widetilde{Z}) \big) - \iota^* \big(\eta(\tilde{\nabla}_{\widetilde{X}} \widetilde{Y}, Z) + \eta(Y, \tilde{\nabla}_{\widetilde{X}} \widetilde{Z}) \\
&\qquad\qquad\qquad\qquad - \langle X, Y \rangle \eta(\nu, Z) - \langle X, Z \rangle \eta(Y, \nu) \big) \\
&= \partial_{\widetilde{X}} \big((\iota^* \eta)(\widetilde{Y}, \widetilde{Z}) \big) - (\iota^* \eta)(\tilde{\nabla}_{\widetilde{X}} \widetilde{Y}, \widetilde{Z}) - (\iota^* \eta)(\widetilde{Y}, \tilde{\nabla}_{\widetilde{X}} \widetilde{Z}) \\
&\qquad + \iota^* \big(\langle X, Y \rangle \eta(\nu, Z) - \langle X, Z \rangle \eta(\nu, Y) \big) \\
&= (\tilde{\nabla}_{\widetilde{X}} \iota^* \eta)(\widetilde{Y}, \widetilde{Z}) + \iota^* \big((X^\flat \wedge \eta(\nu, \cdot))(Y, Z) \big) \\
&= (\tilde{\nabla}_{\widetilde{X}} \iota^* \eta)(\widetilde{Y}, \widetilde{Z}) + \iota^* \big(X^\flat \wedge \eta(\nu, \cdot) \big)(\widetilde{Y}, \widetilde{Z}).
\end{aligned}
$$

Also ist

$$\iota^*\nabla_X\eta = \widetilde{\nabla}_{\widetilde{X}}\iota^*\eta + \iota^*\big(X^\flat \wedge \eta(\nu,\cdot)\big).$$

Damit folgt, dass

$$\iota^*\delta^{\mathbb{R}^{n+1}}\eta = -\iota^*\Big(\sum_{i=1}^{n+1}(\nabla_{e_i}\eta)(e_i,\cdot)\Big)$$

$$= -\iota^*\Big(\sum_{i=1}^{n}(\nabla_{e_i}\eta)(e_i,\cdot)\Big) - \iota^*\big((\nabla_\nu\eta)(\nu,\cdot)\big)$$

$$= -\sum_{i=1}^{n}(\iota^*\nabla_{e_i}\eta)(\widetilde{e}_i,\cdot) - \iota^*\big((\nabla_\nu\eta)(\nu,\cdot)\big)$$

$$= -\sum_{i=1}^{n}(\widetilde{\nabla}_{\widetilde{e}_i}\iota^*\eta)(\widetilde{e}_i,\cdot) - \sum_{i=1}^{n}\big(\iota^*(e^i \wedge \eta(\nu,\cdot))\big)(\widetilde{e}_i,\cdot) - \iota^*\big((\nabla_\nu\eta)(\nu,\cdot)\big)$$

$$= \delta^{S^n}\iota^*\eta - \sum_{i=1}^{n}\iota^*\big((e^i \wedge \eta(\nu,\cdot))(e_i,\cdot)\big) - \iota^*\big((\nabla_\nu\eta)(\nu,\cdot)\big)$$

$$= \delta^{S^n}\iota^*\eta - \sum_{i=1}^{n}\iota^*\big(\underbrace{e^i(e_i)}_{=1}\,\eta(\nu,\cdot) - \eta(\nu,e_i)e^i\big) - \iota^*\big((\nabla_\nu\eta)(\nu,\cdot)\big)$$

$$= \delta^{S^n}\iota^*\eta - n\iota^*\big(\eta(\nu,\cdot)\big) + \iota^*\Big(\underbrace{\sum_{i=1}^{n}\eta(\nu,e_i)e^i}_{=\eta(\nu,\cdot)}\Big) - \iota^*\big((\nabla_\nu\eta)(\nu,\cdot)\big)$$

$$= \delta^{S^n}\iota^*\eta + (1-n)\iota^*\big(\eta(\nu,\cdot)\big) - \iota^*\big((\nabla_\nu\eta)(\nu,\cdot)\big)$$

$$= \delta^{S^n}\iota^*\eta - \iota^*\big((n-1)\eta(\nu,\cdot) + (\nabla_\nu\eta)(\nu,\cdot)\big). \qquad\square$$

4.2 Eigenzerlegung

Um das Spektrum $\mathrm{Spek}(F_{\alpha\beta}^{S^n})$ zu bestimmen, untersuchen wir zunächst wie die Operatoren $F_{\alpha\beta}^{\mathbb{R}^{n+1}}$ und $F_{\alpha\beta}^{S^n}$ in Verbindung stehen:

Proposition 4.8. *Seien $\alpha,\beta > 0$ und $\omega \in \Omega^1(\mathbb{R}^{n+1})$. Dann gilt:*

$$\iota^*F_{\alpha\beta}^{\mathbb{R}^{n+1}}\omega = F_{\alpha\beta}^{S^n}\iota^*\omega - \alpha\iota^*\Big(nd(\omega(\nu)) + d((\nabla_\nu\omega)(\nu))\Big)$$

$$+ \beta\iota^*\Big((n-2)d(\omega(\nu)) + d((\nabla_\nu\omega)(\nu))$$

$$+ (2-n)\omega - n\nabla_\nu\omega - \nabla_\nu\nabla_\nu\omega\Big).$$

Beweis. Wegen der Natürlichkeit von d und Lemma 4.7 sehen wir sofort, dass

$$\iota^* d\delta^{\mathbb{R}^{n+1}}\omega = d\iota^*\delta^{\mathbb{R}^{n+1}}\omega = d\delta^{S^n}\iota^*\omega - \iota^*\big(nd(\omega(\nu)) + d((\nabla_\nu\omega)(\nu))\big).$$

und mit $\eta := d\omega$ in Lemma 4.7, dass

$$\iota^*\delta^{\mathbb{R}^{n+1}}d\omega = \delta^{S^n}d\iota^*\omega - \iota^*\big((n-1)d\omega(\nu,\cdot) + (\nabla_\nu d\omega)(\nu,\cdot)\big). \tag{15}$$

Wir berechnen nun die letzten beiden Terme von (15). Sei dazu $\{e_1,\ldots,e_n,\ e_{n+1} := \nu\}$ eine lokale Orthonormalbasis von $T\mathbb{R}^{n+1}$ wie im Beweis von Lemma 4.7. Dann gilt:

$$(d\omega)(\nu,\cdot) = \sum_{i=1}^{n+1}(e^i \wedge \nabla_{e_i}\omega)(\nu,\cdot)$$

$$= \sum_{i=1}^{n}(e^i \wedge \nabla_{e_i}\omega)(\nu,\cdot) + (\nu^\flat \wedge \nabla_\nu\omega)(\nu,\cdot)$$

$$= \sum_{i=1}^{n}\Big(\underbrace{e^i(\nu)}_{=0}\nabla_{e_i}\omega - \underbrace{(\nabla_{e_i}\omega)(\nu)}_{\substack{=\partial_{e_i}(\omega(\nu))-\omega(\nabla_{e_i}\nu)\\=\partial_{e_i}(\omega(\nu))-\frac{1}{r}\omega(e_i)}}e^i\Big)$$

$$+ \underbrace{\nu^\flat(\nu)}_{=1}\nabla_\nu\omega - (\nabla_\nu\omega)(\nu)\nu^\flat$$

$$= -\sum_{i=1}^{n}\partial_{e_i}(\omega(\nu))e^i + \frac{1}{r}\sum_{i=1}^{n}\omega(e_i)e^i + \nabla_\nu\omega - (\nabla_\nu\omega)(\nu)\nu^\flat.$$

Wegen $\iota^*(\nu^\flat) = 0$ und $\iota^*(\frac{1}{r}) = 1$ ist also

$$\iota^*\big((d\omega)(\nu,\cdot)\big) = \iota^*\big(-d(\omega(\nu)) + \omega + \nabla_\nu\omega\big). \tag{16}$$

Wir bemerken, dass für $q \in \mathbb{R}^{n+1}$ und $i \in \{1,\ldots,n\}$

$$(\nabla_\nu e_i)(q) = \frac{d}{ds}\Big|_{s=0}e_i(q+s\nu) = \frac{d}{ds}\Big|_{s=0}\tilde{e}_i\Big(\underbrace{\frac{q+s\nu}{\|q+s\nu\|}}_{=q}\Big) = 0, \tag{17}$$

weshalb mit Lemma 4.4 folgt, dass

$$[\nu,e_i] = \nabla_\nu e_i - \nabla_{e_i}\nu = -\frac{1}{r}e_i$$

und demzufolge

$$\partial_\nu \partial_{e_i} - \partial_{e_i}\partial_\nu = -\partial_{\frac{1}{r}e_i} = -\frac{1}{r}\partial_{e_i}.$$

Damit sehen wir, dass für $i \in \{1, \ldots, n\}$

$$
\begin{aligned}
(\nabla_\nu \nabla_{e_i}\omega)(\nu) &= \partial_\nu\big((\nabla_{e_i}\omega)(\nu)\big) - (\nabla_{e_i}\omega)(\underbrace{\nabla_\nu\nu}_{=0}) \\[2mm]
&= \partial_\nu\partial_{e_i}\big(\omega(\nu)\big) - \partial_\nu\big(\omega(\underbrace{\nabla_{e_i}\nu}_{=\frac{1}{r}e_i})\big) \\[2mm]
&= \partial_{e_i}\partial_\nu\big(\omega(\nu)\big) - \frac{1}{r}\partial_{e_i}\big(\omega(\nu)\big) - \partial_\nu\Big(\frac{1}{r}\omega(e_i)\Big) \\[2mm]
&= \partial_{e_i}\big((\nabla_\nu\omega)(\nu)\big) - \frac{1}{r}\partial_{e_i}\big(\omega(\nu)\big) + \frac{1}{r^2}\omega(e_i) - \frac{1}{r}\partial_\nu\big(\omega(e_i)\big) \\[2mm]
&\overset{(17)}{=} \partial_{e_i}\big((\nabla_\nu\omega)(\nu)\big) - \frac{1}{r}\partial_{e_i}\big(\omega(\nu)\big) + \frac{1}{r^2}\omega(e_i) - \frac{1}{r}(\nabla_\nu\omega)(e_i).
\end{aligned}
\tag{18}
$$

Es gilt weiter, wegen

$$
\begin{aligned}
(\nabla_\nu e^i)(X) &= \partial_\nu(e^i(X)) - e^i(\nabla_\nu X) = \partial_\nu(\langle e_i, X\rangle) - \langle e_i, \nabla_\nu X\rangle \\[2mm]
&= \langle \underbrace{\nabla_\nu e_i}_{=0}, X\rangle + \langle e_i, \nabla_\nu X\rangle - \langle e_i, \nabla_\nu X\rangle = 0
\end{aligned}
$$

für alle Vektorfelder X auf $\mathbb{R}^{n+1}$, dass

$$
\begin{aligned}
(\nabla_\nu d\omega)(\nu, \cdot) &= \sum_{i=1}^{n+1} \big(\nabla_\nu(e^i \wedge \nabla_{e_i}\omega)\big)(\nu, \cdot) \\[2mm]
&= \sum_{i=1}^{n+1} \big(\underbrace{\nabla_\nu e^i}_{=0} \wedge \nabla_{e_i}\omega + e^i \wedge \nabla_\nu\nabla_{e_i}\omega\big)(\nu, \cdot) \\[2mm]
&= \sum_{i=1}^{n} (e^i \wedge \nabla_\nu\nabla_{e_i}\omega)(\nu, \cdot) + (\nu^\flat \wedge \nabla_\nu\nabla_\nu\omega)(\nu, \cdot) \\[2mm]
&= \sum_{i=1}^{n} \big(\underbrace{e^i(\nu)}_{=0}\nabla_\nu\nabla_{e_i}\omega - (\nabla_\nu\nabla_{e_i}\omega)(\nu)e^i\big) \\[2mm]
&\quad + \underbrace{\nu^\flat(\nu)}_{=1}\nabla_\nu\nabla_\nu\omega - (\nabla_\nu\nabla_\nu\omega)(\nu)\nu^\flat \\[2mm]
&= -\sum_{i=1}^{n}(\nabla_\nu\nabla_{e_i}\omega)(\nu)e^i + \nabla_\nu\nabla_\nu\omega - (\nabla_\nu\nabla_\nu\omega)(\nu)\nu^\flat.
\end{aligned}
$$

Darauf den Rücktransport angewendet, liefert, wegen (18), $\iota^*(\nu^\flat) = 0$ und $\iota^*(r) = 1$, dass

$$
\begin{aligned}
\iota^*\big((\nabla_\nu d\omega)(\nu,\cdot)\big) &= -\iota^*\Big(\sum_{i=1}^{n}(\nabla_\nu\nabla_{e_i}\omega)(\nu)e^i\Big) + \iota^*(\nabla_\nu\nabla_\nu\omega)\\[4pt]
&= -\iota^*\Big(\sum_{i=1}^{n+1}(\nabla_\nu\nabla_{e_i}\omega)(\nu)e^i\Big) + \iota^*(\nabla_\nu\nabla_\nu\omega)\\[4pt]
&= -\iota^*\Big(d((\nabla_\nu\omega)(\nu)) - \frac{1}{r}d(\omega(\nu)) + \frac{1}{r^2}\omega - \frac{1}{r}\nabla_\nu\omega\Big)\\
&\quad + \iota^*(\nabla_\nu\nabla_\nu\omega)\\[4pt]
&= \iota^*\Big(-d((\nabla_\nu\omega)(\nu)) + d(\omega(\nu)) - \omega + \nabla_\nu\omega + \nabla_\nu\nabla_\nu\omega\Big).
\end{aligned}
\tag{19}
$$

Mit (16) und (19) in (15) erhalten wir also

$$
\begin{aligned}
\iota^*\delta^{\mathbb{R}^{n+1}}d\omega &= \delta^{S^n}d\iota^*\omega - \iota^*\big((n-1)d\omega(\nu,\cdot) + (\nabla_\nu d\omega)(\nu,\cdot)\big)\\[4pt]
&= \delta^{S^n}d\iota^*\omega + \iota^*\Big((n-1)d(\omega(\nu)) + (1-n)\omega + (1-n)\nabla_\nu\omega\\
&\qquad\qquad\quad + d((\nabla_\nu\omega)(\nu)) - d(\omega(\nu))\\
&\qquad\qquad\quad + \omega - \nabla_\nu\omega - \nabla_\nu\nabla_\nu\omega\Big)\\[4pt]
&= \delta^{S^n}d\iota^*\omega + \iota^*\Big((n-2)d(\omega(\nu)) + (2-n)\omega - n\nabla_\nu\omega\\
&\qquad\qquad\quad + d((\nabla_\nu\omega)(\nu)) - \nabla_\nu\nabla_\nu\omega\Big).
\end{aligned}
$$

Insgesamt folgt nun die Behauptung

$$
\begin{aligned}
\iota^*F_{\alpha\beta}^{\mathbb{R}^{n+1}}\omega &= \alpha\iota^*d\delta^{\mathbb{R}^{n+1}}\omega + \beta\iota^*\delta^{\mathbb{R}^{n+1}}d\omega\\[4pt]
&= \alpha d\delta^{S^n}\iota^*\omega - \alpha\iota^*\big(nd(\omega(\nu)) + d((\nabla_\nu\omega)(\nu))\big)\\
&\quad + \beta\delta^{S^n}d\iota^*\omega + \beta\iota^*\Big((n-2)d(\omega(\nu)) + (2-n)\omega - n\nabla_\nu\omega\\
&\qquad\qquad\qquad\quad + d((\nabla_\nu\omega)(\nu)) - \nabla_\nu\nabla_\nu\omega\Big)\\[4pt]
&= F_{\alpha\beta}^{S^n}\iota^*\omega - \alpha\iota^*\big(nd(\omega(\nu)) + d((\nabla_\nu\omega)(\nu))\big)\\
&\quad + \beta\iota^*\Big((n-2)d(\omega(\nu)) + (2-n)\omega - n\nabla_\nu\omega + d((\nabla_\nu\omega)(\nu))\\
&\qquad\qquad\quad - \nabla_\nu\nabla_\nu\omega\Big). \qquad\qquad\qquad\qquad\square
\end{aligned}
$$

Korollar 4.9. *Sei $\omega \in \Omega^1(\mathbb{R}^{n+1})$. Dann gilt:*

$$
\iota^*(\Delta^{\mathbb{R}^{n+1}}\omega) = \Delta^{S^n}(\iota^*\omega) + \iota^*\Big((2-n)\omega - 2d(\omega(\nu)) - n\nabla_\nu\omega - \nabla_\nu\nabla_\nu\omega\Big).
$$

Beweis. Das ist Satz 4.8 für $\alpha = \beta = 1$. $\qquad\qquad\qquad\qquad\qquad\qquad\qquad\quad$ $\square$

Definition 4.10. Sei $\{e_1, \ldots, e_{n+1}\}$ die globale Standardbasis von $T\mathbb{R}^{n+1}$ und $\{e^1, \ldots, e^{n+1}\}$ die zugehörige duale Basis. Wir definieren für jedes $k \in \mathbb{N}_0$

$$H_k^0 := \{P \in \mathcal{C}^\infty(\mathbb{R}^{n+1}) \mid P \text{ homogenes Polynom vom Grad } k, \Delta_0^{\mathbb{R}^{n+1}} P = 0\}$$

und den Raum

$$H_k := \left\{ \omega = \sum_{i=1}^{n+1} \omega_i e^i \in \Omega^1(\mathbb{R}^{n+1}) \; \middle| \; \delta^{\mathbb{R}^{n+1}} \omega = 0 \;\wedge\; \forall i \colon \omega_i \in H_k^0 \right\}$$

aller kogeschlossenen harmonischen homogenen 1-Formen vom Grad k auf $\mathbb{R}^{n+1}$.

Der folgende Satz zeigt insbesondere, dass die Räume H_k nicht leer sind.

Proposition 4.11. *Es gilt*

$$\dim(H_0) = n + 1,$$
$$\dim(H_1) = (n + 1)^2 - 1,$$
$$\dim(H_2) = (n + 1)\left(\binom{n + 2}{2} - 2\right)$$

und für alle $k \in \mathbb{N}$ mit $k \geqslant 3$

$$\dim(H_k) = (n + 1)\left(\binom{n + k}{k} - \binom{n + k - 2}{k - 2}\right) - \binom{n + k - 1}{k - 1}$$
$$+ \binom{n + k - 3}{k - 3}$$
$$= \frac{(n + k - 1)!(n^3 + (3k - 1)n^2 + (2k^2 - k - 2)n - 2k)}{k!(n - 1)!(n + k)(n + k - 2)}.$$

Beweis. Wir führen den Beweis nur für H_0, H_1 und H_2. Der allgemeine Fall ist in [IK79, S. 144] bewiesen.
Es ist $H_0 = \Omega^1_{\text{const}}(\mathbb{R}^{n+1})$ und somit $\dim(H_0) = n + 1$.

Sei nun $\omega = \sum_{i=1}^{n+1} \omega_i e^i \in H_1$, d.h., für alle $i, j \in \{1, \ldots, n+1\}$ gibt es $\omega_j^i \in \mathbb{R}$, sodass $\omega_i(x) = \sum_{j=1}^{n+1} \omega_j^i x_j$ für alle $x \in \mathbb{R}^{n+1}$. Die ω_i sind offensichtlich harmonisch und es gilt, wegen Bemerkung 3.10(1.), für alle $x \in \mathbb{R}^{n+1}$, dass

$$0 = \delta\omega_x = -\sum_{i=1}^{n+1} \partial_i\omega_i(x) = -\sum_{i=1}^{n+1} \omega_i^i.$$

Somit entsprechen Elemente in H_1 gerade spurfreien Matrizen $(\omega_j^i)_{i,j\in\{1,\ldots,n+1\}}$ und es gilt

$$\dim(H_1) = \dim\Big(\{A \in \mathrm{Mat}\big((n+1)\times(n+1),\mathbb{R}\big) \mid \mathrm{tr}(A) = 0\}\Big)$$
$$= (n+1)^2 - 1.$$

Sei nun $\omega = \sum_{i=1}^{n+1} \omega_i e^i \in H_2$, d.h., für alle $i,j,k \in \{1,\ldots,n+1\}$ gibt es $\omega_{jk}^i \in \mathbb{R}$, sodass $\omega_{jk}^i = \omega_{kj}^i$ und $\omega_i(x) = \sum_{j,k=1}^{n+1} \omega_{jk}^i x_j x_k$ für alle $x \in \mathbb{R}^{n+1}$. Weiterhin gilt für alle $x \in \mathbb{R}^{n+1}$ und $i \in \{1,\ldots,n+1\}$, dass

$$0 = \Delta_0^{\mathbb{R}^{n+1}} \omega_i(x) = -2\sum_{j=1}^{n+1} \omega_{jj}^i \tag{20}$$

und

$$0 = \delta\omega_x = -2\sum_{i,j=1}^{n+1} \omega_{ij}^i x_j,$$

womit für alle $j \in \{1,\ldots,n+1\}$

$$\sum_{i=1}^{n+1} \omega_{ij}^i = 0. \tag{21}$$

Da (20) und (21) $2(n+1)$ unabhängige Gleichungen liefern, folgt, dass die Dimension von H_2 wie folgt lautet:

$$\dim(H_2) = (n+1)\dim\Big(\{A \in \mathrm{Mat}\big((n+1)\times(n+1),\mathbb{R}\big) \mid A^t = A\}\Big)$$
$$- 2(n+1)$$
$$= \frac{(n+1)^2(n+2)}{2} - 2(n+1)$$
$$= (n+1)\binom{n+2}{2} - 2(n+1). \qquad \square$$

Notation 4.12. Zu $f \in \mathcal{C}^\infty(\mathbb{R}^{n+1})$ und $x \in \mathbb{R}^{n+1}\setminus\{0\}$ setze $\hat{f}(x) := f(\frac{x}{\|x\|})$. Dann gilt $\hat{f}\big|_{S^n} = f\big|_{S^n}$ und $\hat{f}$ ist radial konstant, d.h. $\hat{f}(\lambda x) = \hat{f}(x)$ für alle $\lambda > 0$ und $x \in \mathbb{R}^{n+1}\setminus\{0\}$, und somit ist $\partial_\nu \hat{f} = 0$.

46

Definition 4.13. Zu $\alpha, \beta > 0$ und $k \in \mathbb{N}_0$ setzen wir

$$\lambda_\beta^k := \beta(k+1)(k+n-2),$$
$$\mu_\alpha^k := \alpha(k+1)(k+n)$$

und

$$V_k := \iota^*\{\omega \in H_k \mid \omega(\nu) = 0\},$$
$$W_k := \iota^* d(H_{k+1}^0).$$

4.2.1 Eigenformen zu $\delta^{S^n} d$

Sei nun $\omega = \sum_{i=1}^{n+1} \omega_i e^i \in H_k$. Dann ist, wegen $\delta^{\mathbb{R}^{n+1}}\omega = 0$,

$$d\delta^{\mathbb{R}^{n+1}}\omega = 0$$

und daher

$$\delta^{\mathbb{R}^{n+1}} d\omega = (d\delta^{\mathbb{R}^{n+1}} + \delta^{\mathbb{R}^{n+1}} d)\omega - d\underbrace{\delta^{\mathbb{R}^{n+1}}\omega}_{=0}$$

$$= \Delta^{\mathbb{R}^{n+1}}\omega = \sum_{i=1}^{n+1} \underbrace{\Delta_0^{\mathbb{R}^{n+1}}\omega_i}_{=0} e^i = 0.$$

Weiterhin gilt für $i \in \{1,\dots,n+1\}$, dass $\omega_i = r^k \widehat{\omega}_i$. Es folgt, wegen $\partial_\nu r = 1$, dass

$$\nabla_\nu \omega = \sum_{i=1}^{n+1} \left((\partial_\nu \underbrace{\omega_i}_{=r^k\widehat{\omega}_i})e^i + \omega_i \underbrace{\nabla_\nu e^i}_{=0} \right)$$

$$= \sum_{i=1}^{n+1} (kr^{k-1}\underbrace{\widehat{\omega}_i}_{=\frac{1}{r^k}\omega_i} + r^k \underbrace{\partial_\nu \widehat{\omega}_i}_{=0})e^i \tag{22}$$

$$= \frac{k}{r} \sum_{i=1}^{n+1} \omega_i e^i = \frac{k}{r}\omega$$

und deshalb

$$\nabla_\nu \nabla_\nu \omega = -\frac{k}{r^2}\omega + \frac{k}{r}\nabla_\nu \omega = -\frac{k}{r^2}\omega + \frac{k^2}{r^2}\omega = \frac{k(k-1)}{r^2}\omega$$

sowie

$$\iota^*\big((\nabla_\nu \omega)(\nu)\big) = \iota^*\Big(\frac{k}{r}\omega(\nu)\Big) k\iota^*\big(\omega(\nu)\big).$$

Bemerkung 4.14. Für $\omega \in H_0$ mit $\omega(\nu) = 0$ gilt, dass $\omega = \sum_{i=1}^{n+1} a_i e^i$ mit $a := (a_1, \ldots, a_{n+1})^t \in \mathbb{R}^{n+1}$ und somit für alle $x \in \mathbb{R}^{n+1} \backslash \{0\}$, dass

$$
0 = \omega_x(\nu) = \sum_{i=1}^{n+1} a_i e_x^i(\underbrace{\nu_x}_{=\frac{x}{\|x\|}}) = \sum_{i=1}^{n+1} a_i e_x^i \Big(\sum_{j=1}^{n+1} \frac{x_j}{\|x\|} e_{j,x} \Big)
$$

$$
= \sum_{i,j=1}^{n+1} a_i \frac{x_j}{\|x\|} \underbrace{e_x^i(e_{j,x})}_{=\delta_j^i} = \sum_{i=1}^{n+1} a_i \frac{x_i}{\|x\|} = \frac{\langle a, x \rangle}{\|x\|}.
$$

Daher ist $a = 0$ und deshalb $\omega = 0$. Folglich ist $\iota^*\omega = 0$ keine Eigenform von $F_{\alpha\beta}^{S^n}$.

Sei nun also $\omega \in H_k$ mit $k \neq 0$ und $\omega(\nu) = 0$. Satz 4.8 liefert dann für $\alpha, \beta > 0$, dass

$$
F_{\alpha\beta}^{S^n} \iota^*\omega = \iota^* \Big(\alpha d \underbrace{\delta^{\mathbb{R}^{n+1}} \omega}_{=0} + \beta \underbrace{\delta^{\mathbb{R}^{n+1}} d\omega}_{=0} \Big) + \alpha \iota^* \Big(nd(\underbrace{\omega(\nu)}_{=0}) + d((\nabla_\nu \omega)(\nu)) \Big)
$$

$$
- \beta \iota^* \Big((n-2)d(\underbrace{\omega(\nu)}_{=0}) + d((\nabla_\nu \omega)(\nu)) + (2-n)\omega - n\nabla_\nu \omega
$$

$$
- \nabla_\nu \nabla_\nu \omega \Big)
$$

$$
= (\alpha - \beta) d \underbrace{\iota^*((\nabla_\nu \omega)(\nu))}_{=k\iota^*(\omega(\nu))=0} - \beta \iota^* \Big((2-n)\omega - n\frac{k}{r}\omega - \frac{k(k-1)}{r^2}\omega \Big)
$$

$$
= \beta(-2 + n + nk + k(k-1))\iota^*\omega
$$

$$
= \beta(k+1)(k+n-2)\iota^*\omega.
$$

$\iota^*\omega$ ist demzufolge eine Eigenform von $F_{\alpha\beta}^{S^n}$ zum Eigenwert

$$
\lambda_\beta^k = \beta(k+1)(k+n-2).
$$

Wir haben somit gezeigt, dass

$$
\bigcup_{k \in \mathbb{N}} \{\lambda_\beta^k\}_{\dim(V_k)} \subseteq \mathrm{Spek}(F_{\alpha\beta}^{S^n})
$$

und für alle $k \in \mathbb{N}$, dass

$$
V_k = \iota^* \{\omega \in H_k \mid \omega(\nu) = 0\} \subseteq \mathrm{Eig}(F_{\alpha\beta}^{S^n}, \lambda_\beta^k).
$$

4.2.2 Eigenformen zu $d\delta^{S^n}$

Sei nun $\omega \in d(H^0_{k+1})$, d.h., $\omega = dh$ mit $h \in H^0_{k+1}$. Dann gilt wie oben, dass $h = r^{k+1}\hat{h}$, wobei $\hat{h}$ radial konstant ist, d.h., $\partial_\nu \hat{h} = 0$ und $\hat{h}\big|_{S^n} = h\big|_{S^n}$. Es gelten daher

$$d\delta^{\mathbb{R}^{n+1}}\omega = d\delta^{\mathbb{R}^{n+1}}dh = d(\underbrace{\Delta_0^{\mathbb{R}^{n+1}}h}_{=0}) = 0$$

sowie

$$\delta^{\mathbb{R}^{n+1}}d\omega = \delta^{\mathbb{R}^{n+1}}\underbrace{d\,d}_{\equiv 0}\,h = 0$$

und

$$\iota^*\big(\omega(\nu)\big) = \iota^*\big(\underbrace{(dh)(\nu)}_{\substack{=\partial_\nu h = \partial_\nu(r^{k+1}\hat{h})\\ =(k+1)r^k\hat{h}=\frac{k+1}{r}h}}\big) = (k+1)\iota^*h.$$

Da $\omega(e_i)$ für $i \in \{1, \ldots, n+1\}$ homogene Polynome vom Grad k sind, kann man analog zu (22) zeigen, dass

$$\nabla_\nu \omega = \frac{k}{r}\omega.$$

Damit sind

$$\nabla_\nu \nabla_\nu \omega = \frac{k(k-1)}{r^2}\omega$$

und

$$\iota^*\big(\underbrace{(\nabla_\nu \omega)(\nu)}_{\substack{=\frac{k}{r}\omega(\nu)=\frac{k}{r}\partial_\nu h\\ =\frac{k(k+1)}{r^2}h}}\big) = k(k+1)\iota^*h.$$

Mit Satz 4.8 erhalten wir für $\alpha, \beta > 0$, dass

$$
F_{\alpha\beta}^{S^n} \iota^*\omega = \iota^*\big(\alpha \underbrace{d\delta^{\mathbb{R}^{n+1}}\omega}_{=0} + \beta \underbrace{\delta^{\mathbb{R}^{n+1}}d\omega}_{=0}\big) + \alpha\iota^*\big(nd(\omega(\nu)) + d((\nabla_\nu\omega)(\nu))\big)
$$

$$
- \beta\iota^*\big((n-2)d(\omega(\nu)) + d((\nabla_\nu\omega)(\nu)) + (2-n)\omega - n\nabla_\nu\omega
$$

$$
- \nabla_\nu\nabla_\nu\omega\big)
$$

$$
= (\alpha n - \beta(n-2)) \underbrace{d\iota^*(\omega(\nu))}_{=(k+1)\iota^* dh} + (\alpha - \beta) \underbrace{d\iota^*((\nabla_\nu\omega)(\nu))}_{=k(k+1)\iota^* dh}
$$

$$
+ \beta(n - 2 + nk + k(k-1))\iota^*\omega
$$

$$
= \alpha\big(n(k+1) + k(k+1)\big)\iota^*\omega
$$

$$
+ \beta\big(\underbrace{(2-n)(k+1) - k(k+1) + n - 2 + nk + k(k-1)}_{=0}\big)\iota^*\omega
$$

$$
= \alpha(k+1)(k+n)\iota^*\omega.
$$

$\iota^*\omega$ ist also eine Eigenform von $F_{\alpha\beta}^{S^n}$ zum Eigenwert

$$
\mu_\alpha^k = \alpha(k+1)(k+n).
$$

Es gilt demzufolge, dass

$$
\bigcup_{k\in\mathbb{N}_0} \{\mu_\alpha^k\}_{\dim(W_k)} \subseteq \mathrm{Spek}(F_{\alpha\beta}^{S^n})
$$

und für alle $k \in \mathbb{N}_0$, dass

$$
W_k = \iota^* d(H_{k+1}^0) \subseteq \mathrm{Eig}\big(F_{\alpha\beta}^{S^n}, \mu_\alpha^k\big).
$$

4.2.3 Beweis der Vollständigkeit

Es stellt sich nun die Frage, ob wir mit λ_β^k und μ_α^l für $k \in \mathbb{N}$ und $l \in \mathbb{N}_0$ schon das gesamte Spektrum von $F_{\alpha\beta}^{S^n}$ gefunden haben.

Bemerkung 4.15. Wir haben gezeigt, dass $V_k \subseteq \mathrm{Eig}\big(F_{\alpha\beta}^{S^n}, \lambda_\beta^k\big)$ und $W_l \subseteq \mathrm{Eig}\big(F_{\alpha\beta}^{S^n}, \mu_\alpha^l\big)$ für alle $k \in \mathbb{N}$, $l \in \mathbb{N}_0$ und $\alpha, \beta > 0$, d.h., die Elemente von V_k und W_l sind Eigenformen von $F_{\alpha\beta}^{S^n}$ für jedes positive α und β.

Lemma 4.16. *Für alle $\alpha, \beta > 0$ und $k, l \in \mathbb{N}_0$ gilt:*

1. $\lambda_\beta^k = \lambda_\beta^l$ genau dann, wenn $k = l$.

2. $\mu_\alpha^k = \mu_\alpha^l$ *genau dann, wenn $k = l$.*

3. *Ist $\alpha = \beta$, so gilt $\lambda_\beta^k = \mu_\alpha^l$ genau dann, wenn $k = l + 1$ und $n = 2$.*

4. *Ist $\frac{\alpha}{\beta} \in \mathbb{R}\backslash\mathbb{Q}$, so ist $\lambda_\beta^k \neq \mu_\alpha^l$.*

Beweis.

1. Es gelte $\lambda_\beta^k = \lambda_\beta^l$. Für $k < l$ wäre $\lambda_\beta^k < \lambda_\beta^l$ und für $k > l$ wäre $\lambda_\beta^k > \lambda_\beta^l$. Folglich ist $k = l$. Die Rückrichtung ist trivial.

2. zeigt man analog.

3. "$\Rightarrow$": Sei $(k+1)(k+n-2) = (l+1)(l+n)$, d.h., $\frac{k+1}{l+1} = \frac{l+n}{k+n-2}$. Dann ist $k \neq l$. Wäre $k < l$, so wäre $\frac{k+1}{l+1} < 1$ und somit $\frac{l+n}{k+n-2} < 1$. Es würde demzufolge gelten, dass $l < k - 2$, und wegen $l > k$ wäre damit $k < k - 2$. Widerspruch. Ist nun $k > l$, so erhalten wir analog zu oben, dass $l > k - 2$, also $k > l > k - 2$. Es ist deshalb $l = k - 1$. Mit der Voraussetzung folgt nun, dass $(k + 1)(k + n - 2) = k(k - 1 + n)$. Ausmultiplizieren liefert, dass $n = 2$.
"$\Leftarrow$": Sind nun $k = l + 1$ und $n = 2$, so ist $\lambda_\beta^k = \beta(k+1)(k+n-2) = \beta(l + 2)(l + 1) = \mu_\beta^l = \mu_\alpha^l$.

4. Sei nun $\frac{\alpha}{\beta} \in \mathbb{R}\backslash\mathbb{Q}$. Wäre $\lambda_\beta^k = \mu_\alpha^l$, so wäre $\frac{\alpha}{\beta}(l + 1)(l + n) = (k + 1)(k + n - 2) \in \mathbb{N}$. Widerspruch. $\qquad\square$

Bemerkung 4.17. Zu $k \in \mathbb{N}$ gibt es höchstens ein $l \in \mathbb{N}_0$ mit $\lambda_\beta^k = \mu_\alpha^l$. Denn ist auch $l' \in \mathbb{N}_0$ mit $\lambda_\beta^k = \mu_\alpha^{l'}$, so gilt, dass $\mu_\alpha^l = \mu_\alpha^{l'}$. Wegen Lemma 4.16 ist somit $l' = l$.

Lemma 4.18. *Seien $k, l \in \mathbb{N}_0$ mit $k \neq l$. Dann sind die Räume V_k und V_l, W_k und W_l, V_k und W_l, bzw. V_k und W_k orthogonal bzgl. des L^2-Skalarproduktes.*
Insbesondere sind die Summen $V_k \oplus V_l$, $W_k \oplus W_l$, $V_k \oplus W_l$ und $V_k \oplus W_k$ direkt.

Beweis. Seien $k, l \in \mathbb{N}$ mit $k \neq l$. Dann sind V_k und V_l, wegen Bemerkung 4.15 und Lemma 4.16, Teilräume von Eigenräumen von $F_{\alpha\beta}^{S^n}$ zu den unterschiedlichen Eigenwerten λ_β^k und λ_β^l, und wegen Bemerkung 2.7 daher orthogonal bzgl. des L^2-Skalarproduktes. Genauso sind W_k und W_l Teilräume von Eigenräumen zu den unterschiedlichen Eigenwerten μ_α^k und μ_α^l, und somit orthogonal.
Seien nun $\alpha, \beta > 0$ so, dass $\frac{\alpha}{\beta} \in \mathbb{R}\backslash\mathbb{Q}$. Dann ist, wegen Lemma 4.16, $\lambda_\beta^k \neq \mu_\alpha^l$ und $\lambda_\beta^k \neq \mu_\alpha^k$, womit die Behauptung für V_k und W_l bzw. V_k und W_k folgt. $\qquad\square$

Wir haben nun alle Mittel beisammen, um zu zeigen, dass die in den vorigen beiden Abschnitten hergeleiteten Eigenwerte des Operators $F_{\alpha\beta}^{S^n}$ schon dessen gesamtes Spektrum bilden.

Theorem 4.19. *Seien $\alpha, \beta > 0$. Das Spektrum des Operators $F_{\alpha\beta}^{S^n}$ ist gegeben durch*

$$\mathrm{Spek}(F_{\alpha\beta}^{S^n}) = \left(\bigcup_{k\in\mathbb{N}} \{\lambda_\beta^k\}_{\dim(V_k)} \right) \uplus \left(\bigcup_{k\in\mathbb{N}_0} \{\mu_\alpha^k\}_{\dim(W_k)} \right)$$

und die zugehörigen Eigenräume lauten für $k \in \mathbb{N}$

$$\mathrm{Eig}\big(F_{\alpha\beta}^{S^n}, \lambda_\beta^k\big) = \begin{cases} V_k, & \lambda_\beta^k \neq \mu_\alpha^l \ \textit{für alle } l \in \mathbb{N}_0 \\ V_k \oplus W_l, & \lambda_\beta^k = \mu_\alpha^l \ \textit{für ein } l \in \mathbb{N}_0 \end{cases}$$

und für $k \in \mathbb{N}_0$

$$\mathrm{Eig}\big(F_{\alpha\beta}^{S^n}, \mu_\alpha^k\big) = \begin{cases} W_k, & \mu_\alpha^k \neq \lambda_\beta^l \ \textit{für alle } l \in \mathbb{N} \\ W_k \oplus V_l, & \mu_\alpha^k = \lambda_\beta^l \ \textit{für ein } l \in \mathbb{N} \end{cases}.$$

Beweis. Mit [Bou09, Lemma 3.1] gilt, dass

$$H_k = \{\omega \in H_k \mid \omega(\nu) = 0\} \oplus d(H_{k+1}^0)$$

für alle $k \in \mathbb{N}_0$. Wegen [IT78, Korollar 6.6] ist $\iota^*(\bigoplus_{k\in\mathbb{N}_0} H_k)$ dicht in $\Omega^1(S^n)$ und dementsprechend dicht in $\Omega_{L^2}^1(S^n)$.

Seien nun $\lambda \in \mathrm{Spek}(F_{\alpha\beta}^{S^n})$ und $\omega \in \mathrm{Eig}(F_{\alpha\beta}^{S^n}, \lambda)$ mit $\omega \neq 0$. Dann gilt wegen der Dichtheit und Lemma 4.18, dass

$$\mathrm{Eig}(F_{\alpha\beta}^{S^n}, \lambda) \subseteq \Omega_{L^2}^1(S^n) = \overline{\iota^*\left(\bigoplus_{k\in\mathbb{N}_0} H_k \right)}^{L^2} = \overline{\bigoplus_{l\in\mathbb{N}} V_l \oplus \bigoplus_{l\in\mathbb{N}_0} W_l}^{L^2},$$

d.h., $\omega = \sum_{l\in\mathbb{N}} v_l + \sum_{l\in\mathbb{N}_0} w_l$ für $v_l \in V_l$ und $w_l \in W_l$. Damit folgt wegen Bemerkung 4.15, dass

$$\lambda \left(\sum_{l\in\mathbb{N}} v_l + \sum_{l\in\mathbb{N}_0} w_l \right) = \lambda\omega = F_{\alpha\beta}^{S^n}\omega = \sum_{l\in\mathbb{N}} \lambda_\beta^l v_l + \sum_{l\in\mathbb{N}_0} \mu_\alpha^l w_l.$$

Demzufolge ist $\lambda_\beta^l = \lambda$ für alle $l \in \mathbb{N}$ mit $v_l \neq 0$ und $\mu_\alpha^l = \lambda$ für alle $l \in \mathbb{N}_0$ mit $w_l \neq 0$ und somit

$$\mathrm{Eig}(F_{\alpha\beta}^{S^n}, \lambda) \subseteq \overline{\bigoplus_{\substack{l\in\mathbb{N}: \\ \lambda_\beta^l=\lambda}} V_l \oplus \bigoplus_{\substack{l\in\mathbb{N}_0: \\ \mu_\alpha^l=\lambda}} W_l}^{L^2} = \bigoplus_{\substack{l\in\mathbb{N}: \\ \lambda_\beta^l=\lambda}} V_l \oplus \bigoplus_{\substack{l\in\mathbb{N}_0: \\ \mu_\alpha^l=\lambda}} W_l.$$

Wegen $\omega \neq 0$ ist $\lambda = \lambda_\beta^l$ für ein $l \in \mathbb{N}$ oder $\lambda = \mu_\alpha^l$ für ein $l \in \mathbb{N}_0$, d.h., λ ist einer der bereits bekannten Eigenwerte. Folglich haben wir mit λ_β^l für $l \in \mathbb{N}$ und μ_α^l für $l \in \mathbb{N}_0$ schon das gesamte Spektrum von $F_{\alpha\beta}^{S^n}$ gefunden.

Um die zugehörigen Eigenräume zu bestimmen, wählen wir $k \in \mathbb{N}$ fest und betrachten $\lambda := \lambda_\beta^k$. Wegen Lemma 4.16 ist dann $\lambda_\beta^l = \lambda_\beta^k$ für ein $l \in \mathbb{N}$ genau dann, wenn $l = k$. Weiterhin kann, wegen Bemerkung 4.17, $\mu_\alpha^l = \lambda_\beta^k$ für höchstens ein $l \in \mathbb{N}_0$ gelten.
Wir haben damit gezeigt, dass

$$\mathrm{Eig}(F_{\alpha\beta}^{S^n}, \lambda_\beta^k) \subseteq \begin{cases} V_k, & \lambda_\beta^k \neq \mu_\alpha^l \text{ für alle } l \in \mathbb{N}_0 \\ V_k \oplus W_l, & \lambda_\beta^k = \mu_\alpha^l \text{ für ein } l \in \mathbb{N}_0 \end{cases}.$$

Wir haben, dass $V_k \subseteq \mathrm{Eig}(F_{\alpha\beta}^{S^n}, \lambda_\beta^k)$ und $W_l \subseteq \mathrm{Eig}(F_{\alpha\beta}^{S^n}, \mu_\alpha^l) = \mathrm{Eig}(F_{\alpha\beta}^{S^n}, \lambda_\beta^k)$, also $V_k \oplus W_l \subseteq \mathrm{Eig}(F_{\alpha\beta}^{S^n}, \lambda_\beta^k)$, falls $\lambda_\beta^k = \mu_\alpha^l$ für ein $l \in \mathbb{N}_0$. Folglich ist

$$\mathrm{Eig}(F_{\alpha\beta}^{S^n}, \lambda_\beta^k) = \begin{cases} V_k, & \lambda_\beta^k \neq \mu_\alpha^l \text{ für alle } l \in \mathbb{N}_0 \\ V_k \oplus W_l, & \lambda_\beta^k = \mu_\alpha^l \text{ für ein } l \in \mathbb{N}_0 \end{cases}.$$

Analog zeigt man, dass

$$\mathrm{Eig}(F_{\alpha\beta}^{S^n}, \mu_\alpha^k) = \begin{cases} W_k, & \mu_\alpha^k \neq \lambda_\beta^l \text{ für alle } l \in \mathbb{N} \\ W_k \oplus V_l, & \mu_\alpha^k = \lambda_\beta^l \text{ für ein } l \in \mathbb{N} \end{cases}.$$

$\square$

Bemerkung 4.20.

1. Für $\alpha = \beta$ und $n = 2$ haben wir in Lemma 4.16 gesehen, dass $\lambda_\beta^{k+1} = \mu_\alpha^k$ für alle $k \in \mathbb{N}_0$. Es gilt in diesem Fall also, dass für alle $k \in \mathbb{N}_0$

$$\mathrm{Eig}(F_{\alpha\alpha}^{S^n}, \alpha(k+1)(k+2)) = V_{k+1} \oplus W_k$$

und

$$\mathrm{Spek}(F_{\alpha\alpha}^{S^n}) = \bigcup_{l \in \mathbb{N}_0} \{\alpha(l+1)(l+2)\}_{\dim(V_{l+1} \oplus W_l)}.$$

2. Falls $\alpha = \beta$ und $n \neq 2$ oder falls $\frac{\alpha}{\beta} \in \mathbb{R} \backslash \mathbb{Q}$, so gilt mit demselben Lemma, dass für alle $k \in \mathbb{N}$ und $l \in \mathbb{N}_0$

$$\mathrm{Eig}(F_{\alpha\beta}^{S^n}, \lambda_\beta^k) = V_k \quad \text{und} \quad \mathrm{Eig}(F_{\alpha\beta}^{S^n}, \mu_\alpha^l) = W_l.$$

3. Die Eigenwerte von $F_{\alpha\beta}^{S^n}$ sind alle positiv, da in der Dimension $n = 1$ das äußere Differential d auf $\Omega^1(S^1)$ verschwindet, d.h., dass $F_{\alpha\beta}^{S^1} = \alpha d\delta$ und somit

$$\mathrm{Spek}(F_{\alpha\beta}^{S^1}) = \bigcup_{k\in\mathbb{N}_0} \{\mu_\alpha^k\}_{\dim(W_k)}.$$

In höheren Dimensionen ist die Aussage offensichtlich.

4.3 Multiplizitäten

Die geometrischen Vielfachheiten der Eigenwerte können wir nun sofort ablesen, da wegen [Bou09] Folgendes gilt:

Proposition 4.21. *Es ist für alle $k \in \mathbb{N}$*

$$\dim(V_k) = \frac{(n + k - 1)!(n + 2k - 1)}{(k - 1)!(n - 2)!(n + k - 2)(k + 1)}$$

und für alle $k \in \mathbb{N}_0$

$$\dim(W_k) = \frac{(n + k - 1)!(n + 2k + 1)}{(k + 1)!(n - 1)!}.$$

Beweis. Für $n \neq 2$ ist wegen Bemerkung 4.20 für alle $k \in \mathbb{N}$

$$\dim(V_k) = \dim\big(\mathrm{Eig}(F_{11}^{S^n}, \lambda_1^k)\big)$$

und für alle $k \in \mathbb{N}_0$

$$\dim(W_k) = \dim\big(\mathrm{Eig}(F_{11}^{S^n}, \mu_1^k)\big).$$

In [Bou09, Tabelle I] sind die Multiplizitäten der Eigenwerte von $\Delta^{S^n} = F_{11}^{S^n}$ aufgelistet. $\qquad\square$

Bemerkung 4.22. Wir haben in Bemerkung 4.14 gezeigt, dass $V_0 = \{0\}$. Deshalb ist $\dim(V_0) = 0$.

Bemerkung 4.23. Im Fall, dass $\alpha = \beta$ und $n = 2$, gilt für alle $k \in \mathbb{N}_0$, wie wir in Bemerkung 4.20 gesehen haben, dass

$$\dim\big(\mathrm{Eig}(F_{\alpha\alpha}^{S^n}, \mu_\alpha^k)\big) = \dim(V_{k+1}) + \dim(W_k) = 2(2k + 3).$$

4.4 Isospektralität

4.4.1 $F_{\alpha\beta}$ auf Sphären verschiedener Radien

Wir betrachten nun n-dimensionale Sphären S_r^n vom Radius $r > 0$. Diese seien mittels der kanonischen Inklusionen $\iota_r : S_r^n \to \mathbb{R}^{n+1}$ eingebettet in den $\mathbb{R}^{n+1}$. Wir zeigen als Erstes, dass das Spektrum von $F_{\alpha\beta}^{S_r^n}$ aus dem von $F_{\alpha\beta}^{S^n}$ durch Multiplikation mit $\frac{1}{r^2}$ hervorgeht.

Proposition 4.24. *Seien $\alpha, \beta, r > 0$. Dann gilt:*

$$\mathrm{Spek}(F_{\alpha\beta}^{S_r^n}) = \frac{1}{r^2} \cdot \mathrm{Spek}(F_{\alpha\beta}^{S^n}) = \mathrm{Spek}\left(F_{\frac{\alpha}{r^2}\frac{\beta}{r^2}}^{S^n}\right).$$

Beweis. Wir betrachten die Abbildung

$$T : S^n \to S_r^n : x \mapsto rx.$$

Das Differential von T ist für alle $p \in S^n$ durch

$$dT_p : T_p S^n \to T_{rp} S_r^n : X \mapsto rX$$

gegeben. Hierbei nutzen wir folgende Identifikation:

$$r T_p S^n \cong \{rX \in \mathbb{R}^{n+1} \mid \langle X, p \rangle = 0\} = \{X \in \mathbb{R}^{n+1} \mid \langle X, rp \rangle = 0\}$$
$$\cong T_{rp} S_r^n.$$

Sei nun $p \in S^n$ fest und $\{e_1, \ldots, e_n\}$ eine lokale Orthonormalbasis von TS^n um p, die synchron in p ist, d.h., dass insbesondere $\nabla_{e_i} e^j = 0$ in p für alle $i, j \in \{1, \ldots, n\}$. Es ist

$$\left\{\frac{1}{r} dT(e_1), \ldots, \frac{1}{r} dT(e_n)\right\} = \{e_1, \ldots, e_n\}$$

eine lokale Orthonormalbasis von $T_{T(\cdot)} S_r^n$. Sei nun

$$\omega = \sum_{1 \leqslant i_1 < \cdots < i_k \leqslant n} \omega_{i_1 \cdots i_k} e^{i_1} \wedge \cdots \wedge e^{i_k} \in \Omega^k(S_r^n).$$

Dann gilt für alle $X_1, \ldots, X_k \in T_p S^n$, dass

$$(T^*\omega)_p(X_1, \ldots, X_k) = \omega_{T(p)}(dT_p(X_1), \ldots, dT_p(X_k))$$
$$= \omega_{T(p)}(rX_1, \ldots, rX_k)$$
$$= r^k \omega_{T(p)}(X_1, \ldots, X_k),$$

d.h., dass

$$(T^*\omega)_p = r^k \omega_{T(p)}$$
$$= r^k \sum_{1 \leqslant i_1 < \cdots < i_k \leqslant n} \omega_{i_1 \cdots i_k}(T(p)) e^{i_1}\big|_{T(p)} \wedge \cdots \wedge e^{i_k}\big|_{T(p)}.$$

Daher ist für alle $i \in \{1, \ldots, n\}$

$$(\nabla_{e_i} T^*\omega)_p = r^k \sum_{1 \leqslant i_1 < \cdots < i_k \leqslant n} \partial_{e_i}(\omega_{i_1 \cdots i_k} \circ T)(p) e^{i_1}\big|_{T(p)} \wedge \cdots \wedge e^{i_k}\big|_{T(p)}$$
$$= r^{k+1} \sum_{1 \leqslant i_1 < \cdots < i_k \leqslant n} (\partial_{e_i} \omega_{i_1 \cdots i_k})(T(p)) e^{i_1}\big|_{T(p)} \wedge \cdots \wedge e^{i_k}\big|_{T(p)}$$
$$= r^{k+1} (\nabla_{e_i} \omega)_{T(p)}$$

und somit gilt, dass

$$(\delta^{S^n} T^*\omega)_p = -\sum_{i=1}^{n} e_i\big|_p \lrcorner\, (\nabla_{e_i} T^*\omega)_p$$
$$= -r^{k+1} \sum_{i=1}^{n} e_i\big|_p \lrcorner\, (\nabla_{e_i} \omega)_{T(p)}$$
$$= r^{k+1} (\delta^{S_r^n} \omega)_{T(p)}$$
$$= r^2 (T^* \delta^{S_r^n} \omega)_p.$$

Wir haben also gezeigt, dass

$$\delta^{S^n} T^* = r^2 T^* \delta^{S_r^n}.$$

Da d natürlich ist, d.h., mit dem Rücktransport T^* entlang der differenzierbaren Abbildung T vertauscht, folgt, dass

$$F_{\alpha\beta}^{S^n} T^* = r^2 T^* F_{\alpha\beta}^{S_r^n}.$$

Sei nun $\omega \in \mathrm{Eig}(F_{\alpha\beta}^{S_r^n}, \lambda)$. Dann ist

$$F_{\alpha\beta}^{S^n} T^*\omega = r^2 T^* F_{\alpha\beta}^{S_r^n} \omega = r^2 T^* \lambda \omega = r^2 \lambda T^*\omega,$$

d.h., $T^*\omega \in \mathrm{Eig}(F_{\alpha\beta}^{S^n}, r^2\lambda)$. Ist umgekehrt $\eta \in \mathrm{Eig}(F_{\alpha\beta}^{S^n}, r^2\lambda)$, so gibt es, da T^* als Rücktransport entlang einer bijektiven Abbildung bijektiv ist, ein $\omega \in \Omega^1(S_r^n)$ mit $\eta = T^*\omega$ und es gilt

$$T^*(r^2 F_{\alpha\beta}^{S_r^n} \omega) = r^2 T^* F_{\alpha\beta}^{S_r^n} \omega = F_{\alpha\beta}^{S^n} T^*\omega = F_{\alpha\beta}^{S^n} \eta = r^2 \lambda \eta = r^2 \lambda T^*\omega$$
$$= T^*(r^2 \lambda \omega).$$

Daher ist $F_{\alpha\beta}^{S_r^n}\omega = \lambda\omega$ und somit $\omega \in \mathrm{Eig}(F_{\alpha\beta}^{S_r^n}, \lambda)$. Insgesamt folgt also, dass

$$T^* : \mathrm{Eig}(F_{\alpha\beta}^{S_r^n}, \lambda) \to \mathrm{Eig}(F_{\alpha\beta}^{S^n}, r^2\lambda)$$

bijektiv ist und folglich

$$r^2\mathrm{Spek}(F_{\alpha\beta}^{S_r^n}) = \mathrm{Spek}(F_{\alpha\beta}^{S^n}).$$

Weiterhin gilt wegen

$$F_{\frac{\alpha}{r^2}\frac{\beta}{r^2}}^{S^n} = \frac{\alpha}{r^2}d\delta^{S^n} + \frac{\beta}{r^2}\delta^{S^n}d$$

$$= \frac{1}{r^2}\left(\alpha d\delta^{S^n} + \beta\delta^{S^n}d\right) = \frac{1}{r^2}F_{\alpha\beta}^{S^n}$$

für alle $\lambda \in \mathbb{R}$ und $\omega \in \Omega^1(S^n)$, dass $F_{\alpha\beta}^{S^n}\omega = \lambda\omega$ genau dann, wenn $F_{\frac{\alpha}{r^2}\frac{\beta}{r^2}}^{S^n}\omega = \frac{\lambda}{r^2}\omega$. Es folgt, dass

$$\mathrm{Eig}(F_{\alpha\beta}^{S^n}, \lambda) = \mathrm{Eig}\left(F_{\frac{\alpha}{r^2}\frac{\beta}{r^2}}^{S^n}, \frac{\lambda}{r^2}\right)$$

für alle $\lambda \in \mathbb{R}$ und daher, dass

$$\frac{1}{r^2} \cdot \mathrm{Spek}(F_{\alpha\beta}^{S^n}) = \mathrm{Spek}\left(F_{\frac{\alpha}{r^2}\frac{\beta}{r^2}}^{S^n}\right).$$

$\square$

Definition 4.25. Zu $\alpha, \beta, r > 0$ und $k \in \mathbb{N}_0$ setzen wir

$$\lambda_{\beta,r}^k := \frac{\beta}{r^2}(k+1)(k+n-2) \quad \text{und}$$

$$\mu_{\alpha,r}^k := \frac{\alpha}{r^2}(k+1)(k+n).$$

Wir zeigen nun, dass die Operatoren $F_{\alpha\beta}$ auf Sphären verschiedener Radien niemals isospektral sein können.

Proposition 4.26. *Seien* $\alpha, \beta, r, r' > 0$. *Dann sind* $F_{\alpha\beta}^{S_r^n}$ *und* $F_{\alpha\beta}^{S_{r'}^n}$ *genau dann isospektral, wenn* $r = r'$.

Beweis. "$\Rightarrow$": Da $F_{\alpha\beta}^{S_r^n}$ und $F_{\alpha\beta}^{S_{r'}^n}$ dasselbe Spektrum haben, sind insbesondere ihre kleinsten Eigenwerte gleich. In dem Fall, dass $\frac{\alpha}{\beta} \geqslant \frac{2(n-1)}{n}$, sind $\lambda_{\beta,r}^1 \leqslant \mu_{\alpha,r}^0$ und $\lambda_{\beta,r'}^1 \leqslant \mu_{\alpha,r'}^0$ und demzufolge $\min(\mathrm{Spek}(F_{\alpha\beta}^{S_r^n})) =$

$\min(\mathrm{Spek}(F_{\alpha\beta}^{S_{r'}^n}))$ genau dann, wenn $\frac{2\beta(n-1)}{r^2} = \lambda_{\beta,r}^1 = \lambda_{\beta,r'}^1 = \frac{2\beta(n-1)}{r'^2}$,
d.h., genau dann, wenn $r = r'$. Falls $\frac{\alpha}{\beta} < \frac{2(n-1)}{n}$, so sind $\lambda_{\beta,r}^1 > \mu_{\alpha,r}^0$ und
$\lambda_{\beta,r'}^1 > \mu_{\alpha,r'}^0$. Folglich ist $\min(\mathrm{Spek}(F_{\alpha\beta}^{S_r^n})) = \min(\mathrm{Spek}(F_{\alpha\beta}^{S_{r'}^n}))$ genau dann,
wenn $\frac{\alpha n}{r^2} = \mu_{\alpha,r}^0 = \mu_{\alpha,r'}^0 = \frac{\alpha n}{r'^2}$, d.h., genau dann, wenn $r = r'$.
"$\Leftarrow$": Diese Richtung ist trivial. $\qquad\qquad\qquad\qquad\qquad\qquad\qquad\square$

4.4.2 Variation der Parameter

Man kann sich nun fragen, wie sich die Spektren von zwei verschiedenen
Elementen der Familie der in dieser Arbeit betrachteten Operatoren auf
Sphären zueinander verhalten. Wir halten dabei zunächst den Radius der
Sphären, auf die diese Operatoren wirken, fest.

Bemerkung 4.27. Wegen Satz 2.17 ist für alle $\alpha, \beta, r > 0$

$$\mathrm{Spek}(F_{\alpha\beta}^{S_r^2}) = \mathrm{Spek}(F_{\beta\alpha}^{S_r^2}).$$

Proposition 4.28. *Seien $\alpha, \alpha', \beta, \beta', r > 0$ und $n \neq 2$. Dann sind $F_{\alpha\beta}^{S_r^n}$
und $F_{\alpha'\beta'}^{S_r^n}$ genau dann isospektral, wenn $(\alpha, \beta) = (\alpha', \beta')$.
Für $n = 2$ gilt die Aussage mit $\{\alpha, \beta\} = \{\alpha', \beta'\}$ anstelle von $(\alpha, \beta) = (\alpha', \beta')$.*

Beweis. "$\Rightarrow$": Sei zunächst $n \neq 2$. Wir zeigen, dass die Abbildung

$$f : (0, \infty) \times (0, \infty) \to \mathcal{M} : (\gamma, \delta) \mapsto \mathrm{Spek}(F_{\gamma\delta}^{S_r^n})$$

injektiv ist. Sei dazu M aus dem Bild von f. Wegen Bemerkung 4.20 ist
dann $m := \min(M) > 0$. Weiterhin gilt wegen Theorem 4.19 und Satz 4.24
für die Multiplizität $\mathrm{mult}(m)$ von m, dass

$$\mathrm{mult}(m) \in \{\dim(V_1), \dim(W_0), \dim(V_1) + \dim(W_0)\}$$
$$\overset{4.21}{=} \left\{ \frac{n(n+1)}{2}, n+1, \frac{(n+1)(n+2)}{2} \right\}.$$

Wegen $n \neq 2$ besteht diese Menge tatsächlich aus drei verschiedenen Elementen.

- Im Fall, dass $\mathrm{mult}(m) = \dim(V_1)$, setzen wir $\delta := \frac{r^2 m}{2(n-1)}$. Sei nun
  $M' := M \setminus \bigcup_{k \in \mathbb{N}} \{\lambda_{\delta,r}^k\}_{\dim(V_k)}$ und $m' := \min(M')$. Dann definieren
  wir $\gamma := \frac{r^2 m'}{n}$.

58

- Falls $\text{mult}(m) = \dim(W_0)$, so setzen wir $\gamma := \frac{r^2 m}{n}$ und $\delta := \frac{r^2 m'}{2(n-1)}$. Hierbei sind $M' := M \setminus \bigcup_{k \in \mathbb{N}_0} \{\mu_{\gamma,r}^k\}_{\dim(W_k)}$ und $m' := \min(M')$.

- Im letzten Fall, dass $\text{mult}(m) = \dim(V_1) + \dim(W_0)$ seien $\gamma := \frac{r^2 m}{n}$ und $\delta := \frac{r^2 m}{2(n-1)}$.

In jedem Fall ist $M = \text{Spek}(F_{\gamma\delta}^{S_r^n})$. Hierbei sind γ und δ nach Konstruktion eindeutig. f ist somit injektiv. Da nach Voraussetzung $f(\alpha, \beta) = f(\alpha', \beta')$, folgt also, dass $(\alpha, \beta) = (\alpha', \beta')$.

Sei nun $n = 2$. Wir betrachten die Abbildung

$$\tilde{f} : \{C \subset (0, \infty) \mid \#C \in \{1, 2\}\} \to \mathcal{M} : \{\gamma, \delta\} \mapsto \text{Spek}(F_{\gamma\delta}^{S_r^2}).$$

Sei M aus deren Bild. Dann ist $m := \min(M) > 0$. Wir setzen $\gamma := \frac{r^2 m}{2}$. Seien nun $M' := M \setminus \bigcup_{k \in \mathbb{N}_0} \{\mu_{\gamma,r}^k\}_{\dim(W_k)}$ und $m' := \min M'$. Dann definieren wir $\delta := \frac{r^2 m'}{2}$. Damit ist $M = \text{Spek}(F_{\gamma\delta}^{S_r^2})$, wobei $\{\gamma, \delta\}$ nach Konstruktion eindeutig ist. Folglich ist $\tilde{f}$ injektiv. Die Voraussetzung $\tilde{f}(\{\alpha, \beta\}) = \tilde{f}(\{\alpha', \beta'\})$ impliziert nun, dass $\{\alpha, \beta\} = \{\alpha', \beta'\}$.

"$\Leftarrow$": Die Rückrichtungen sind trivial. $\qquad\square$

Jetzt können wir auch Aussagen zu der oben gestellten Frage treffen, wenn wir verschiedene Radien zulassen.

Korollar 4.29. *Seien $\alpha, \alpha', \beta, \beta', r, r' > 0$ so, dass $F_{\alpha\beta}^{S_r^n}$ und $F_{\alpha'\beta'}^{S_{r'}^n}$ isospektral sind und $n \neq 2$. Dann ist $r = r'$ genau dann, wenn $(\alpha, \beta) = (\alpha', \beta')$. Für $n = 2$ gilt die Aussage mit $\{\alpha, \beta\} = \{\alpha', \beta'\}$ anstelle von $(\alpha, \beta) = (\alpha', \beta')$.*

Beweis. Die Hinrichtung ist gerade Satz 4.28 und die Rückrichtung Satz 4.26. $\qquad\square$

Proposition 4.30. *Seien $\alpha, \alpha', \beta, \beta', r, c > 0$ und $n \neq 2$. Dann sind $F_{\alpha\beta}^{S_r^n}$ und $F_{\alpha'\beta'}^{S_{cr}^n}$ genau dann isospektral, wenn $(\alpha', \beta') = (c^2\alpha, c^2\beta)$.*

Für $n = 2$ gilt die Aussage mit $\{\alpha', \beta'\} = \{c^2\alpha, c^2\beta\}$ anstelle von $(\alpha', \beta') = (c^2\alpha, c^2\beta)$.

Beweis. Es sind $F_{\alpha\beta}^{S_r^n}$ und $F_{\alpha'\beta'}^{S_{cr}^n}$ wegen Satz 4.24 genau dann isospektral, wenn

$$\text{Spek}(F_{\alpha\beta}^{S^n}) = r^2 \text{Spek}(F_{\alpha\beta}^{S_r^n}) = r^2 \text{Spek}(F_{\alpha'\beta'}^{S_{cr}^n}) = \frac{r^2}{c^2 r^2} \text{Spek}(F_{\alpha'\beta'}^{S^n})$$

$$= \frac{1}{c^2} \text{Spek}(F_{\alpha'\beta'}^{S^n}) = \text{Spek}\left(F_{\frac{\alpha'}{c^2}\frac{\beta'}{c^2}}^{S^n}\right).$$

Dies ist wegen Satz 4.28 für $n \neq 2$ äquivalent zu

$$(\alpha, \beta) = \left(\frac{\alpha'}{c^2}, \frac{\beta'}{c^2} \right)$$

und für $n = 2$ zu

$$\{\alpha, \beta\} = \left\{ \frac{\alpha'}{c^2}, \frac{\beta'}{c^2} \right\}. \qquad \square$$

Literatur

[BGM71] BERGER, M. ; GAUDUCHON, P. ; MAZET, E.: *Le spectre d'une variété riemannienne*. Bd. 194. Berlin-New York : Springer-Verlag, 1971

[Bou09] BOUCETTA, M.: Spectra and symmetric eigentensors of the Lichnerowicz Laplacian on S^n. In: *Osaka J. Math.* 46 (2009), Nr. 1, S. 235 – 254

[CS92] CONWAY, J. H. ; SLOANE, N. J. A.: Four-dimensional lattices with the same theta series. In: *Inter- International Math. Res. Notices* (1992), Nr. 4, S. 93 – 96

[Gil95] GILKEY, P. B.: *Invariance Theory, the Heat Equation, and the Atiyah-Singer Index Theorem*. Bd. 2. Boca Raton, Ann Arbor, London, Tokyo : CRC Press, Inc., 1995

[GWW92] GORDON, C. ; WEBB, D. ; WOLPERT, S.: Isospectral plane domains and surfaces via Riemannian orbifolds. In: *Inventiones Mathematicae* 110 (1992), S. 1 – 22

[Har15] HARDY, G. H.: On the Expression of a Number as the Sum of Two Squares. In: *Quart. J. Math.* 46 (1915), S. 263 – 283

[IK79] IWASAKI, I. ; KATASE, K.: On the Spectra of Laplace Operator on $\Lambda^*(S^n)$. In: *Proc. Japan Acad. Ser. A Math. Sci.* 55 (1979), Nr. 4, S. 141 – 145

[IT78] IKEDA, A. ; TANIGUCHI, Y.: Spectra and eigenforms of the Laplacian on S^n and $P^n(C)$. In: *Osaka J. Math.* 15 (1978), Nr. 3, S. 515 – 546

[Jän03] JÄNICH, K.: *Vektoranalysis*. 4. Berlin-Heidelberg-New York : Springer-Verlag, 2003

[Kac66] KAC, M.: Can One Hear the Shape of a Drum. In: *American Mathematical Monthly* 73 (1966), Nr. 4, Teil 2, S. 1 – 23

[Mil64] MILNOR, J.: Eigenvalues of the Laplace operator on certain manifolds. In: *Proceedings of the National Academy of Sciences of the United States of America* 51 (1964), Nr. 4, S. 542

[Wer04] WERNER, D.: *Funktionalanalysis*. 5. erweiterte Auflage. Berlin : Springer-Verlag, 2004

[Wey11] WEYL, H.: Ueber die asymptotische Verteilung der Eigenwerte. In: *Nachrichten von der Gesellschaft der Wissenschaften zu Göttingen, Mathematisch-Physikalische Klasse* (1911), S. 110 – 117